高等学校计算机教材·信息化系列

信息技术应用基础

巢海鲸 主 编
汪 瑛 过林吉 副主编

U0209399

電子工業出版社
Publishing House of Electronics Industry
北京·BEIJING

内 容 简 介

本书以《高等职业教育专科信息技术课程标准（2021 年版）》基础模块和全国计算机等级考试一级计算机基础及 MS Office 应用考核标准为依据，采取模块化、任务驱动模式进行内容编排，融入知识、技能、素质培养及思政内容。

本书共有 7 个模块，内容涵盖了计算机基础知识、Windows 10 操作系统、文档处理软件 Word 2016、电子表格处理软件 Excel 2016、演示文稿处理软件 PowerPoint 2016、信息检索、新一代信息技术概论，以"文档图文混排""长文档排版""计算与分析 Excel 数据""制作演示文稿"等任务为驱动，将知识传授和能力训练融入任务实施过程。

本书可作为高等院校计算机基础课程的教材，也可作为相关研究人员的参考用书。

图书在版编目（CIP）数据

信息技术应用基础 / 巢海鲸主编. —北京：电子工业出版社，2024.2

ISBN 978-7-121-46963-3

Ⅰ.①信… Ⅱ.①巢… Ⅲ.①电子计算机－高等职业教育－教材 Ⅳ.①TP3

中国国家版本馆 CIP 数据核字（2024）第 009450 号

责任编辑：孙　伟
印　　刷：河北鑫兆源印刷有限公司
装　　订：河北鑫兆源印刷有限公司
出版发行：电子工业出版社
　　　　　北京市海淀区万寿路 173 信箱　　邮编：100036
开　　本：787×1092　　1/16　　印张：16.25　　字数：406 千字
版　　次：2024 年 2 月第 1 版
印　　次：2024 年 7 月第 2 次印刷
定　　价：52.00 元

凡所购买电子工业出版社图书有缺损问题，请向购买书店调换。若书店售缺，请与本社发行部联系，联系及邮购电话：（010）88254888，88258888。

质量投诉请发邮件至 zlts@phei.com.cn，盗版侵权举报请发邮件至 dbqq@phei.com.cn。

本书咨询联系方式：（010）88254178，liujie@phei.com.cn。

前 言

本书以《高等职业教育专科信息技术课程标准（2021 年版）》基础模块和全国计算机等级考试一级计算机基础及 MS Office 应用考核标准为依据，采取模块化、任务驱动模式进行内容编排，以"任务描述→技术分析→任务实现→知识拓展→能力拓展"为主线，融入知识、技能、素质培养及思政内容。

本书的特点如下。

（1）以具体任务为导向，以能力培养为目标，通过分析解决问题的思路，围绕解决问题过程中用到的知识进行讲解，实现将知识转变为能力的过程，达到学以致用、举一反三的效果。

（2）建立迭代式能力培养模型和基于任务的作业管理机制，实现熟练应用，一是合理设置从单一到综合的递进式任务；二是在完成每个操作性较强的任务后都要进行对应的能力拓展。这既是对学生所掌握技能的综合检验，又可以作为学生学习活动的里程碑，能够培养学生的创新思维，以及独立分析问题和解决问题的能力，同时提高学生的成就感和自信心。

（3）内容营造职场氛围，渗透企业文化和计算机职业道德规范，有利于学生职业素养的养成。

本书共有 7 个模块，内容涵盖了计算机基础知识、Windows 10 操作系统、文档处理软件 Word 2016、电子表格处理软件 Excel 2016、演示文稿处理软件 PowerPoint 2016、信息检索、新一代信息技术概论，以"文档图文混排""长文档排版""计算与分析 Excel 数据""制作演示文稿"等任务为驱动，将知识传授和能力训练融入任务实施过程。

本书编者来自常州工业职业技术学院，巢海鲸为主编，汪瑛、过林吉为副主编，王霞俊为参编人员。具体分工如下：模块 1、2、5、7 由巢海鲸编写，模块 3 由汪瑛编写，模块 4 由过林吉编写，模块 6 由王霞俊编写。

编　者
2023 年 8 月

《信息技术应用基础》
课程标准

电子教案

素材（下载）

目 录

模块 1　计算机基础知识

模块 1 计算机基础知识

任务 1　走进信息技术的世界

任务描述

　　自 20 世纪 80 年代以来，信息技术迅猛发展，生活在信息世界中的人们，通过接收和传递各种各样的信息来不断地认识新事物、学习新知识。只有了解信息技术的概念及其发展趋势，并根据需要选择适当的信息技术工具去解决实际问题，才能合理地使用信息技术为社会服务，成为信息社会的合格公民。

技术分析

　　✧ 信息技术的概念及其发展趋势
　　✧ 信息技术的关键技术
　　✧ 现代办公用微型计算机
　　✧ 计算机网络

任务实现

信息技术的概念、发展趋势及关键技术

1. 信息技术的概念及其发展趋势

1）信息技术的概念

　　信息技术指获取、表示、传输、存储和加工信息的各种技术的总和。在社会发展的历史长河中，人类一直在不断地追求更有效、更便捷的技术手段，以提高信息处理能力，应对社会发展的需要。

　　现代信息技术指以微电子学为基础，基于通信技术和以计算机及其网络为核心的技术体系，对文字、图像、音频、视频等各种信息进行获取、加工、储存、传播和使用的技术。

2）信息技术的发展趋势

　　现代信息技术在出现的短短几十年中，发展迅速，已经被认为是对人类影响十分深远的技术。未来，信息技术还将沿着数字化、网络化、智能化的方向继续发展，未来的信息技术将呈现以下特点。

　　（1）信息采集与处理终端多样化。随着数字化技术的发展，集成电路芯片越来越小，功能越来越多。各种设备装上相应的芯片，并通过网络技术、传感技术等连接起来，人们通过任何一个信息终端，都可以随时随地获取、交流信息。

（2）信息通信网络更泛在。通信技术与计算机技术将进一步交融，现有的各种信息通信网络将不断融合，使人们能够随时随地安全、快捷、高效地享受信息服务。

（3）信息交互方式更智能。随着语音识别、人脸识别、指纹识别、虚拟现实、体感操作等技术的进步，人们可以体验到更加智能的信息交互方式，信息处理更智能。

2．信息技术的关键技术

1）微电子技术

微电子技术指以集成电路为代表，制造和使用微型电子元器件，实现电子系统功能的技术。其主要特征是元器件和电路微型化。微电子技术是信息处理系统的基石，无论是传感器、通信设备还是计算机，都离不开微电子技术的核心产品——集成电路芯片。可以说，没有微电子技术就没有现代信息技术。集成电路芯片如图 1-1 所示。

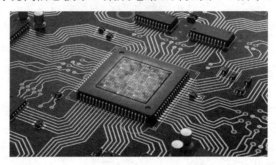

图 1-1　集成电路芯片

2）传感技术

传感技术指从自然信源获取信息并进行处理和识别的技术。基于此，人们发明了各种可以代替、补充或延伸人类感觉器官功能的传感器，并将其广泛应用于生产和生活的各个方面。例如，一些大厦的门口安装了红外线传感器，可以用来感应是否有人接近，从而实现自动开门或关门。传感技术拓宽了人类获取信息的能力，是各种信息处理系统"认识"外部世界的窗口。

3）通信技术

通信技术指以电磁波、声波、光波的方式，把信息通过电脉冲从发送端（信源）传输到一个或多个接收端（信宿）的一系列技术，通常包括数字通信技术、信息传输技术、光纤接入技术、无线接入技术等。数字通信技术正在逐步取代传统的模拟通信技术。

4）计算机技术

计算机技术的涵盖范围非常广，既研究提高计算机运算速度的问题，又研究让计算机高效处理信息的问题，具有明显的综合性，与电子工程、应用物理、机械工程、通信技术、数学等紧密相关。例如，通过卫星测得地球表面的大量数据后将其传送到数据计算中心，由计算机进行分析、运算、统计等，就可以还原成三维地形图。

5）人工智能技术

人工智能技术指利用计算机或计算机控制的机器来模拟、延伸和扩展人类智能，感知环境、获取知识并使用知识获得最佳结果的技术与方法。例如，智能汽车在硬件系统的支持下，通过在自动驾驶、安全防护、位置服务、用车辅助等信息系统中运用人工智能技术，对车辆的行驶、停靠进行控制。汽车自动驾驶如图 1-2 所示。

图 1-2　汽车自动驾驶

 知识拓展

我国的超级计算机

早在 1983 年我国就研制出了第一台超级计算机，即"银河-Ⅰ"。至此，我国成为第 3 个能独立设计和研制超级计算机的国家。2016 年 6 月，在全球超级计算机 500 强榜单中，"神威·太湖之光"和"天河二号"（见图 1-3）位列前两名。2018 年 11 月，面对激烈的竞争，在新一期全球超级计算机 500 强榜单中，"天河二号"位列第四名。

图 1-3　天河二号

3. 现代办公用微型计算机

现代办公用微型计算机有两大类，一类是独立相分离的计算机，通常被称为台式机；另一类是手提式计算机，被称为笔记本计算机。

1）台式机

台式机外观如图 1-4 所示，主要由主机、显示器、键盘、鼠标组成。显示器、键盘、鼠标是人和计算机"对话"的主要设备。

现代办公用微型计算机、计算机网络的分类

图 1-4　台式机外观

　　主机是安装在一个主机箱内所有部件的统一体，是台式机的主要组成部分之一，通常包括 CPU、内存、硬盘、光驱、电源，以及其他输入输出控制器和接口，如 USB 控制器、显卡、网卡、声卡等。主机内部结构如图 1-5 所示。

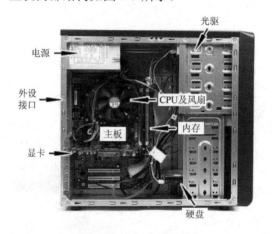

图 1-5　主机内部结构

2）笔记本计算机

　　笔记本计算机是一种小型、可携带的个人计算机。笔记本计算机外观如图 1-6 所示。跟台式机相比，笔记本计算机的优点是携带方便，适用于商务移动办公。笔记本计算机通常拥有液晶显示屏、键盘，有些还装有触控板或触控点作为定位设备。CPU、内存、硬盘、电池等主要部件都在键盘下的外壳内。

图 1-6　笔记本计算机外观

4．计算机网络

计算机网络指通信线路和通信设备将分布在不同地点的具有独立功能的多个计算机系统互相连接起来，在网络软件的支持下实现彼此之间的数据通信和资源共享的网络。

1）计算机网络的分类

计算机网络的分类方式有很多种，可以按地理范围、拓扑结构、传输介质等进行分类。

（1）按地理范围分类。

按地理范围可以将计算机网络分为局域网（Local Area Network，LAN）、城域网（Metropolitan Area Network，MAN）和广域网（Wide Area Network，WAN）。

局域网覆盖的地理范围一般为几百米到几千米，属于小范围联网，如一个建筑物内联网、一个学校内联网等。局域网的组建简单、灵活，使用方便。城域网覆盖的地理范围可以从几十千米到几百千米，可以覆盖一个城市或地区，是一种中等形式的网络。广域网覆盖的地理范围一般可达几千千米，属于大范围联网，如几个城市内联网，一个或几个国家内联网（国际性的 Internet 等）。

（2）按拓扑结构分类。

计算机网络的物理连接形式叫作网络的物理拓扑结构。连接在网络上的计算机、大容量的外存、高速打印机等设备均可被看作网络上的一个节点，也称工作站。计算机网络中常用的拓扑结构有总线型、星型、环型、树型等，如图 1-7～图 1-10 所示。

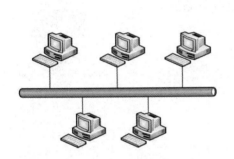

图 1-7　总线型拓扑结构

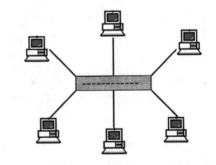

图 1-8　星型拓扑结构

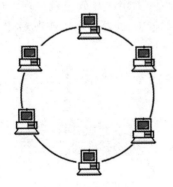

图 1-9　环型拓扑结构

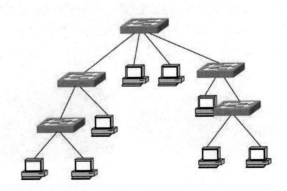

图 1-10　树型拓扑结构

目前，组建的家庭局域网的网络拓扑结构大多是星型拓扑结构。在星型拓扑结构的网络中，计算机会分别与同一个中心设备相连。这种结构的网络容易增加新节点，并且可以通过中心设备很方便地监控网络运行情况。不过在星型拓扑结构的网络中，中心设备必须非常稳定，一旦它发生故障，整个网络就会陷入瘫痪。

（3）按传输介质分类。

按传输介质可以将计算机网络分为有线网络和无线网络。传输介质采用有线介质连接的网络被称为有线网络，常用的有线传输介质有双绞线、同轴电缆和光纤等，如图 1-11～图 1-13 所示。

 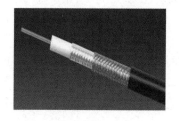 

图 1-11　双绞线　　　　　　　图 1-12　同轴电缆　　　　　　　图 1-13　光纤

采用无线介质连接的网络被称为无线网络。目前，无线网络主要采用 3 种技术：微波通信技术、红外线通信技术和激光通信技术。这 3 种技术都是以大气为介质的。其中，微波通信技术的用途最广，目前的卫星网使用的就是一种特殊形式的微波通信技术，它利用地球同步卫星作为中继站来转发微波信号，一个同步卫星可以覆盖地球上超过三分之一的通信区域，3 个同步卫星就可以覆盖地球上的全部通信区域。

2）计算机网络的设备

（1）交换机。

交换机（Switch）是一种用于电（光）信号转发的网络设备，如图 1-14 所示。它可以为接入的任意两个网络节点提供独享的电信号通路。

（2）路由器。

计算机网络的设备和体系结构，TCP/IP、IP 地址、子网掩码和域名，Internet 的接入方式

路由器（Router）是一种连接各局域网、广域网的设备，如图 1-15 和图 1-16 所示，它会根据信道的情况自动选择和设定路由，以最佳路径，按前后顺序发送信号。路由器是网络的"交通警察"。路由器和交换机的主要区别就是交换机工作在开放系统互连（Open System Interconnection，OSI）参考模型的第 2 层（数据链路层），而路由器工作在 OSI 参考模型的第 3 层，即网络层。二者实现各自功能的方式是不同的。

图 1-14　交换机　　　　　图 1-15　有线路由器　　　　　图 1-16　无线路由器

3）计算机网络的体系结构

计算机网络的体系结构是一种通信系统的整体设计结构，它为网络硬件、软件、协议、

存取控制和拓扑提供标准。它广泛采用的是国际标准化组织（ISO）在 1979 年提出的 OSI 参考模型。

　　OSI 参考模型把开放系统的通信功能分为 7 个层次，从低到高依次是：物理层、数据链路层、网络层、传输层、会话层、表示层和应用层。通常把第 1～4 层协议称为下层协议，把第 5～7 层协议称为上层协议。两个开放系统中的同等层之间的通信规则和约定被称为协议，如图 1-17 所示。

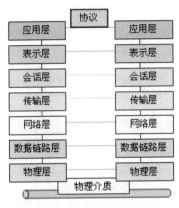

图 1-17　OSI 参考模型

　　（1）物理层：为终端数据通信提供传输介质及连接。

　　（2）数据链路层：可以粗略地理解为数据通道，在节点之间可靠地传输帧。

　　（3）网络层：为建立网络连接和上层提供服务，在主机之间传输分组。

　　（4）传输层：OSI 参考模型中最重要的一层，在不同主机进程之间通信。

　　（5）会话层：在用户之间建立会话关系。

　　（6）表示层：应用程序和网络之间的"翻译官"，用于完成数据转换、格式化和文本压缩。

　　（7）应用层：也称应用实体（AE），为网络应用提供服务。

　　4）TCP/IP、IP 地址、子网掩码和域名

　　（1）TCP/IP。

　　TCP/IP 指互联网的通信协议。它是由一系列协议组成的协议集。它本身指两个协议：传输控制协议（Transfer Control Protocol，TCP）和网际协议（Internet Protocol，IP）。它可以实现异种网络之间的互联和通信。目前，TCP/IP 已经在多数计算机上得到应用，大部分计算机和通信厂家都已经在各自的产品中提供了对 TCP/IP 的支持。

　　（2）IP 地址。

　　IP 地址指互联网上的通信地址，每个进入互联网的主机和通信设备都必须具备一个唯一的地址作为标志，这个地址就被称为 IP 地址。

　　目前使用的 IPv4 中的 IP 地址用 32 位二进制形式表示，并将其分为 4 段，每段 8 位，各段中间用一个"."分隔。通常用十进制形式表示，每段的值在 0～255 范围内，如 192.168.0.100。

　　IP 地址包括两部分内容，一部分是网络标识，另一部分是主机标识。根据网络规模和

应用的不同，IP 地址又分为 5 类：A 类（0～127）、B 类（128～191）、C 类（192～223）、D 类和 E 类。其中，A、B、C 类被当作普通的主机地址，D 类用于提供网络组播服务或作为网络测试之用，E 类保留给未来扩充使用。例如，202.102.1.200 属于 C 类地址。

为了解决 IP 地址资源短缺的问题，同时也为了提高 IP 地址资源的利用率，引入了子网掩码的概念来描述 IP 地址中关于网络标识和主机号位数的组成情况。

（3）子网掩码。

子网掩码用来划分子网。子网掩码是一个 32 位的二进制数，为了便于理解，用点分十进制形式描述。子网掩码包含网络域和主机域，默认网络域全部为 1，主机域全部为 0。表 1-1 列出了各类网络和对应的默认子网掩码。

表 1-1　各类网络和对应的默认子网掩码

网 络 类 别	默认子网掩码
A	255.0.0.0
B	255.255.0.0
C	255.255.255.0

（4）域名。

域名指企业、政府、非政府组织等机构或个人在互联网上注册的名称，是互联网上企业或机构之间相互联络的网址。域名就是上网单位的名称，是一个通过计算机联网的单位在该网络中的地址。一个公司如果希望在网络上建立自己的主页，那么必须取得一个域名。通过该地址，人们可以在网络上找到所需的详细资料。通俗来讲，域名就相当于一个家的门牌号码，别人通过这个门牌号码可以很容易找到这个家。

① 域名的构成。

域名一般由英文字母、阿拉伯数字及"－"组成，最长可达 67 个字符（包括后缀），不区分英文字母的大小写，每个层次最长不能超过 22 个英文字母。这些字符构成了域名的前缀、主体和后缀等几个部分，组合在一起就构成了一个完整的域名。

例如，在域名 www.baidu.com 中，baidu 是这个域名的主体，也是主机名；com 则是这个域名的后缀，代表的是一个国际域名；www.是网络名，baidu.com 是 www 的域名。

② 域名级别。

域名可以分为不同的等级，包括顶级域名、二级域名等。

顶级域名又可以分为两种：国家顶级域名（national top-level domain-names，nTLDs）和国际顶级域名（international top-level domain-names，iTDs）。

二级域名指顶级域名下的域名。在国际顶级域名下，二级域名表示域名注册人的网上名称，如 ibm、microsoft 等。在国家顶级域名下，二级域名表示注册企业类别的符号，如 com、edu、gov、net 等。域名及其含义如表 1-2 所示。

表 1-2　域名及其含义

域　　　名	com	edu	gov	net	org	mil	int	store	nom
含　　　义	商业组织	教育机构	政府部门	主要网络支持中心	非营利组织	军事组织	国际组织	销售公司或企业	个人

5）Internet 的接入方式

（1）通过局域网接入。

如果一个局域网通过路由器与 Internet 相连，那么该局域网中的用户就可以访问 Internet。为此该局域网应当通过 Internet 的管理机构取得进入 Internet 的授权。换句话说，它必须获得 Internet 管理机构分配的 IP 地址。如果局域网中的计算机的台数少于或等于可用地址数，那么每台计算机都可以分到一个固定的 IP 地址；如果计算机的台数多于可用地址数，那么有两个办法可以解决：一是动态地址分配，即每台计算机在联网时由 DHCP 服务器自动分配一个动态的 IP 地址，该计算机断开网络连接后，其 IP 地址被自动收回；二是在局域网中配置至少一台代理服务器，IP 地址被代理服务器掌握，不分配。其他计算机要联网应使用自己设置的 IP 地址，但这些 IP 地址只在该局域网中有效。

（2）通过宽带接入。

非对称数字用户环路（Asymmetrical Digital Subscriber Loop，ADSL）业务是目前宽带接入技术中十分常用的一种。它利用现有的用户电话线，采用先进的复用技术和调制技术，使得高速的数字信息和电话语音信息在一对电话线的不同频段上同时传输，在为用户提供宽带接入（从网络到用户的下行速率可达 8Mbps、从用户到网络的上行速率可达 1Mbps）的同时，维持用户原有的电话业务及质量不变。目前，非对称数字用户环路是家庭上网中常用的途径。

任务 2　了解计算机演化的历程

任 务 描 述

在信息技术的发展进程中，发生了很多重要历史事件，出现了许多创新成果，凝聚了无数人的思想火花。信息技术发展的一个重要特征就是计算机的诞生。通过学习本任务，学生应了解计算机的发展历史，以及计算机的分类和应用领域，以认识到信息技术对社会发展、科技进步及人们生活、工作与学习的影响。

技 术 分 析

✧　计算机的发展历史
✧　计算机的分类和应用领域

任 务 实 现

1. 计算机的发展历史

计算机的发展历史

1946 年 2 月 15 日，美国政府和宾夕法尼亚大学合作开发了 ENIAC（Electronic Numerical Integrator And Computer），标志着现代计算机的诞生，图 1-18 所示为工程师正在操作 ENIAC

计算机。人们根据计算机的性能和当时的硬件技术状况，将计算机的发展分为 4 个阶段，每个阶段在技术上都是一次新的突破，在性能上都是一次质的飞跃。

图 1-18   工程师正在操作 ENIAC 计算机

1）第一个阶段：电子管计算机（1946—1958 年）

电子管计算机的主要特点如下。

（1）采用电子管制作基本逻辑部件，计算机的体积大，耗电量大，寿命短，成本高。

（2）采用电子射线管作为存储部件，容量很小，后来外存使用了磁鼓存储信息，扩充了容量。

（3）输入输出装置落后，主要使用穿孔卡片，运算速度慢，容易出错，使用十分不便。

（4）没有系统软件，只能用机器语言和汇编语言编程。

2）第二个阶段：晶体管计算机（1959—1964 年）

晶体管计算机的主要特点如下。

（1）采用晶体管制作基本逻辑部件，计算机的体积减小，重量减轻，耗电量减小，成本下降，计算机的可靠性和运算速度均得到提高。

（2）普遍采用磁芯作为贮存器，采用磁盘或磁鼓作为外存。

（3）开始有了系统软件（监控程序），提出了操作系统概念，出现了高级语言。

3）第三个阶段：集成电路计算机（1965—1970 年）

集成电路计算机的主要特点如下。

（1）采用中、小规模集成电路制作各种逻辑部件，计算机的体积更小，重量更轻，耗电量更小，寿命更长，成本更低，运算速度有了更大的提高。

（2）采用半导体存储器作为主存，取代了原来的磁芯存储器，使存储器的存取速度有了大幅度的提高，提高了系统的处理能力。

（3）系统软件有了很大的发展，出现了分时操作系统，可以多用户共享计算机软件和硬件资源。

（4）在程序设计方面采用结构化程序设计，为研制更加复杂的软件提供了技术上的保障。

4）第四个阶段：大规模、超大规模集成电路计算机（1971 年至今）

大规模、超大规模集成电路计算机的主要特点如下。

（1）采用大规模、超大规模集成电路制作基本逻辑部件，计算机的体积减小，重量减轻，成本大幅度降低，出现了微型计算机。

（2）作为主存的半导体存储器，其集成度越来越高，容量越来越大；外存除广泛使用磁盘外，还引进了光盘。

（3）各种使用方便的输入输出设备相继出现。

（4）软件产业高度发达，各种实用软件层出不穷，极大地方便了用户。

（5）计算机技术与通信技术相结合，计算机网络把世界紧密地联系在了一起。

（6）多媒体技术崛起，计算机集图像、图形、声音、文字处理于一体，在信息处理领域掀起了一场革命，与之对应的"信息高速公路"正在紧锣密鼓地筹划实施当中。

2．计算机的分类和应用领域

1）计算机的分类

计算机发展到今天，已是琳琅满目、种类繁多，形成一个庞大的计算机家族，其每个成员尽管在规模、性能、结构和应用等方面存在着很大的差别，但是它们的基本组成结构是相同的。按照计算机规模的大小，可以将计算机分为以下 5 种。

计算机的分类和应用的领域

（1）巨型机。

巨型计算机，又称超级计算机，简称巨型机。它是目前功能最强，运算速度最快，存储容量最大，处理能力、工艺技术性能最先进的结构复杂且价格昂贵的计算机。

我国自行研发的银河系列是巨型机的代表，巨型机主要用于复杂的科学和工程计算，如天气预报、地质勘探、飞机设计模拟、生物信息处理及国防尖端技术等领域。

（2）大中型机。

大中型计算机，简称大中型机。它的规模仅次于巨型机，运算速度快，处理能力强，存储容量大，并允许多个用户同时使用。但它的性能比巨型机低，价格也相对便宜。它有丰富的外部设备和功能强大的软件，主要用于承担计算机网络主服务器的功能。

（3）小型机。

小型机的规模比大中型机小，具有结构简单，成本较低，通用性强，性能高等优点，适合小型企事业单位用于工业控制、数据采集、分析计算、企业管理等。

（4）工作站。

工作站也称超级微机，是介于微机与小型机之间的一种高档计算机。它易于联网，配有大容量内存，主要用于计算机动画设计、图像处理、计算机辅助设计等专业领域。

（5）微机。

个人微机简称 PC 机或微机。它具有体积小、能耗低、功能全、成本低、操作灵活等优点。其因性能明显优于其他类型的计算机而得到了广泛应用和迅速普及。它是当今较为普

及的机型。

2）计算机的应用领域

随着互联网的普及，计算机的应用领域已经越来越广泛。早期的计算机主要用于科学计算、信息处理和实时控制，目前计算机的应用已经深入人们工作和生活的方方面面，如企业生产过程自动化、办公自动化和家庭自动化等。此外，计算机还可以应用于事务处理、信息系统管理、决策支持等。

计算机的应用领域主要如下。

（1）科学计算。

在科学研究和工程技术，以及现代数学理论证明中都有大量复杂的计算问题，这些问题必须借助计算机才能完成。科学计算是计算机最早应用的领域，至今仍是计算机应用的一个重要领域。

（2）信息处理。

信息处理指计算机对大量信息（文字、图像、声音等）进行收集、整理、存储、加工、分析和传播的过程。这是计算机应用十分广泛的一个领域，如银行、证券和大型超市的运营都离不开计算机的信息处理。

（3）过程控制。

过程控制指利用计算机及时采集并检测数据，按最优值迅速地对控制对象进行自动调节或自动控制。采用计算机进行过程控制，不仅可以大大提高控制的自动化水平，而且可以提高控制的及时性和准确性，从而改善劳动条件，并提高产品质量及合格率。目前，过程控制已在机械、冶金、石油、化工、纺织、水电、航天等领域得到广泛应用。

（4）计算机辅助设计/计算机辅助制造。

计算机在计算机辅助设计（CAD）、计算机辅助制造（CAM）等方面发挥了越来越大的作用。例如，利用计算机部分代替人工进行汽车、飞机、家电、大型建筑等的设计和制造，不仅可以提高效率，而且可以大大提高质量。将计算机辅助设计/计算机辅助制造和信息处理技术集成在一起，形成了计算机集成制造系统（CIMS）技术，实现了设计、制造和管理完全现代化。

（5）人工智能。

人工智能指利用计算机来模拟人脑的思维活动，进行逻辑推理，并完成一部分人类智能活动。该领域的研究包括机器人、语言识别、图像识别、自然语言处理和专家系统等。

（6）现代教育。

计算机在现代教育中发挥了重大的作用，很多课程采用了计算机辅助教学形式，利用网络和多媒体技术进行教学，共享了教学资源，从而调动了学生学习的主动性。

（7）电子商务。

电子商务（Electronic Commerce，EC）指在互联网环境下，基于浏览器/服务器应用方式，实现消费者的网上购物、商户之间的网上交易和在线电子支付的一种新型的商业运营模式。电子商务实现了以电子为手段、以商务为主体，将传统的销售渠道和购物渠道移到互联网上来进行经济活动。

任务 3　认识计算机系统的组成

 任务描述

现代计算机依据程序存储原理进行工作，不再需要人工进行烦琐的接线工作，使得程序设计与电路设计彻底分离。通过学习本任务，学生应了解计算机的硬件系统与软件系统，感悟硬件系统与软件系统的关系，以进一步加深对计算机系统的理解。

技术分析

◇　计算机的硬件系统与软件系统
◇　硬件系统与软件系统的关系

计算机系统的组成
与计算机硬件系统

任务实现

计算机系统由硬件系统和软件系统两大部分组成。硬件系统指计算机的物理设备，硬件系统包括主机及其外部设备。软件系统指系统中的程序，以及开发、使用和维护程序所需的所有文档的集合，软件系统包括计算机本身运行所需的系统软件和用户完成特定任务所需的应用软件。微型计算机系统的组成如图 1-19 所示。

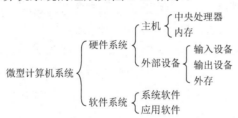

图 1-19　微型计算机系统的组成

1．硬件系统

根据冯·诺依曼体系结构理论，硬件系统主要由五大部件组成：运算器、控制器、存储器、输入设备和输出设备。计算机的基本工作原理如图 1-20 所示。没有软件的计算机被称为"裸机"。

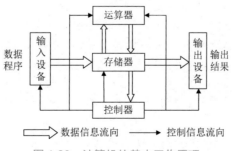

图 1-20　计算机的基本工作原理

1）运算器

运算器是计算机进行算术运算与逻辑运算的主要部件，受控制器的控制，对存储器送来的数据进行指定运算。

2）控制器

控制器是计算机的指挥中心。它逐条取出存储器中的指令进行译码，根据指令，按时间的先后顺序，负责向其他各部件发出控制信号，以保证各部件协调一致地工作，一步一步地完成各种操作。控制器与运算器一起组成了计算机的核心部件，又称中央处理器，简称 CPU。

3）存储器

存储器是计算机记忆或暂存数据的部件。计算机中的全部信息，包括原始的输入数据、经过初步加工的中间数据，以及最后处理完成的有用信息都存放在存储器中。此外，指挥计算机运行的各种程序指令也都存放在存储器中。存储器分为内存（内存储器）和外存（外存储器）两种。

4）输入设备

输入设备是给计算机输入信息的设备。它是重要的人机接口，负责将输入的信息（数据和指令）转换成计算机能识别的二进制代码，送入存储器保存。常用的输入设备有键盘、鼠标、摄像头、扫描仪等。

5）输出设备

输出设备是输出计算机处理结果的设备。在大多数情况下，它将这些结果转换成便于人们识别的形式。显示器和打印机是常用的输出设备。

硬件系统的五大部件相互配合，协同工作：（1）由输入设备接收外界信息，控制器发出指令将数据送入内存，并向内存发出取指令命令；（2）在该命令的作用下，指令被逐条送入控制器；（3）控制器对指令进行译码，并根据指令的操作要求向存储器和运算器发出存数、取数命令和运算命令，经过运算器计算，把计算结果存入存储器；（4）在控制器发出的取数命令和输出命令的作用下，通过输出设备输出计算结果。

 知识拓展

一台微型计算机功能的强弱或性能的好坏，不是由某项指标决定的，而是由它的系统结构、指令系统、硬件组成、软件配置等多方面因素综合决定的。具体来说，其主要由运算速度、存储器容量、I/O 总线速度决定。

计算机的性能

1. 运算速度

计算机的运算速度指计算机每秒执行的指令数，单位为每秒百万条指令，简称 MIPS，主要由 CPU 的性能决定。

1）CPU 的主频和核心数

主频指计算机的时钟频率。它在很大程度上决定了计算机的运算速度。时钟频率以

MHz 或 GHz 表示。通常，时钟频率越高，计算机处理数据的速度相对也越快。CPU 的时钟频率从过去的 466MHz、800MHz、900MHz 发展到今天的 3GHz、4GHz、5GHz 及以上。

由于仅仅提高单核芯片的速度会产生过多热量且无法改善相应的性能，因此 CPU 厂商设计出了多核 CPU，即把多个核封装到同一块 CPU 中，使它们协同工作，从而在主频不是太高的情况下得到较高的处理速度，CPU 现在已从双核、4 核，发展到 6 核、8 核……

2）CPU 的字长

字长表示 CPU 每次处理数据的基本、有效的信息位长度。按字长划分，CPU 可以分为 8 位 CPU、16 位 CPU、32 位 CPU、64 位 CPU。字长越大，计算机处理数据的速度就越快。

3）CPU 的高速缓存

随着 CPU 主频的不断提高，它对 RAM 的存取速度的要求更高，而 RAM 的响应速度达不到 CPU 的要求。为了协调 CPU 和 RAM 之间的速度差，在 CPU 芯片内集成了高速缓存器（Cache），将内存中的数据和指令调入 Cache，CPU 直接访问 Cache 中的数据，大大降低了存取速度，Cache 容量越大，CPU 内部读取数据的命中率越高，性能也越好。

4）CPU 的指令系统

每块 CPU 都设计了一套指令系统，一般均有数十条到上百条。例如，加、浮点加、逻辑与、跳转等，组成了指令系统。由于很多指令是由硬件直接构成的，因此 CPU 支持指令数越多，运算速度越快，但这样也带来了 CPU 内部硬件设计越来越复杂，CPU 功耗越来越大的弊端。

2．存储器容量

存储器容量包括内存容量和外存容量。内存容量越大，计算机能运行的程序量就越大，处理能力越强。内存的速度用存取周期来衡量。存储器执行一次完整的读操作或写操作所需的时间被称为存取周期。

内存主要分成两种：一种叫作随机存储器（Random Access Memory，RAM）；另一种叫作只读存储器（Read Only Memory，ROM）。

RAM 又称读写存储器，开机后，操作系统和用户需要的应用软件先被调入 RAM，再由 CPU 取出执行。此外，用户输入的数据和 CPU 处理后的结果也被存储到 RAM 中。RAM 是计算机的主要工作存储器，也称主内存，用来存储当前的程序与数据，也可以从 RAM 中读取及写入数据，但一旦断电，RAM 中的信息就会丢失。

ROM 是用来存入固定程序的存储器，一旦程序放进去，这些信息就只能读出，一般不能写入，即使机器停电，这些数据也不会丢失。ROM 一般用于存储计算机的基本程序和数据，如 BIOS ROM。

衡量内存容量大小的单位有位（bit）、字节（Byte，简称 B）、千字节（KB）、兆字节（MB）、吉字节（GB）、太字节（TB）等，其中一位表示一个二进制数 0 或 1，依次可以定义其他存储单位。

$$1B=8bit$$
$$1KB=2^{10}B=1024B$$

$$1MB=2^{10}KB=1024KB$$
$$1GB=2^{10}MB=1024MB$$
$$1TB=2^{10}GB=1024GB$$

在微型计算机中外存容量通常指硬盘容量。外存容量越大，可存储的信息就越多，可安装的应用软件就越丰富。

3．I/O 总线速度

I/O 总线（Bus）作为计算机各种功能部件之间传送信息的公共通信干线，I/O 总线速度直接影响了计算机各功能部件之间协调的效率，I/O 总线速度越快，越能发挥各部件的性能。I/O 总线速度对慢速设备（键盘、打印机等）的影响不大，但对快速设备的影响很大。I/O 总线速度由主板决定。

由此可见，普通用户在选购计算机时应主要考虑 CPU、内存、硬盘及主板的性能指标，当然在实际采购时，应该综合考虑价格因素，遵循最优"性价比"原则。

2．软件系统

软件指一系列按照特定顺序组织的计算机数据和指令的集合。软件系统由系统软件、应用软件两大类组成，如图 1-21 所示。

软件系统、硬件系统和软件系统的关系

图 1-21　软件系统的组成

1）系统软件

系统软件指控制和协调计算机及其外部设备，支持应用软件的开发和运行的软件。其主要功能是调度、监控和维护系统等，系统软件是用户和裸机的接口，主要包括如下几种。

（1）操作系统，如 DOS、Windows 10、Linux、Netware 等。

（2）语言处理程序，如低级语言程序、高级语言程序、编译程序、解释程序等。

（3）服务性程序，如机器的调试程序、故障的检查程序和诊断程序、杀毒程序等。

（4）数据库管理系统，如 SQL Sever、Oracle、Informix、MySQL 等。

2）应用软件

应用软件指用户为解决各种实际问题而编制的计算机应用程序及其有关资料。应用软件主要有以下几种。

（1）科学计算软件，如数学计算软件、统计软件等。

（2）文字处理软件，如 WPS、Microsoft Office 2016 等。

（3）图像处理软件，如 Photoshop 等。

（4）各种专用专业软件，如财务管理软件、税务管理软件、工业控制软件、辅助教育软件等。

**说明：**严格意义上说，软件系统并不只包括可以在计算机上运行的计算机程序，与这些计算机程序相关的文档也被认为是软件系统的一部分。

3. 硬件系统和软件系统的关系

计算机的硬件系统与软件系统是一个完整的计算机系统互相依存的两大部件，硬件系统是计算机的"躯体"，软件系统是计算机的"灵魂"，二者相互依存，缺一不可。硬件系统往往是固定不变的，而计算机千变万化的功能则是通过软件系统来实现的。

（1）硬件系统是软件系统赖以工作的物质基础。

（2）软件系统是硬件系统发挥作用的唯一途径，没有软件系统，计算机的存在就毫无价值。

（3）硬件系统的发展给软件系统提供了良好的开发环境，而软件系统的发展又给硬件系统提出了新要求。

计算机系统从总体上俯瞰，是按层次结构组织的，如图 1-22 所示。各层之间的关系是：内层是外层的支撑环境，而外层可不必了解内层细节，只需根据约定调用内层提供的服务即可；外层可以实现对内层功能的扩展。

图 1-22　计算机系统的层次结构

任务 4　理解计算机信息的表述

任务描述

信息技术的发展与普及为人们创造了一个全新的数字化生活环境，它们在给人们的生活带来便利的同时，也在逐渐改变人们的生活方式。通过学习本任务，学生应理解数字化的作用和数据编码的方法，感受数字化工具的优势。

技术分析

◇ 计算机内部数值数据的表示形式

◇ 二进制数、八进制数、十六进制数及十进制数的转换方法

◇ 计算机内部非数值数据的表示形式（ASCII 码与汉字编码）

任务实现

数据是计算机的处理对象。在计算机内部，各种信息都必须经过数字化编码后才能被传送、存储和处理。

编码指用代码来表示各种数据资料，使其成为可利用计算机进行处理和分析的信息。人们使用的信息有数字、文字、语音、图像、视频等多种表示形式。

计算机是由逻辑电路组成的，逻辑电路通常只有两种状态。例如，开关的接通与断开，电压电平的高与低等。这两种状态正好用来表示二进制数的两个数码，即 0 和 1。

计算机内部使用的数码只有 0 和 1，也就是说，计算机内部使用的是所有数值数据和非数值数据，它们都是由 0 和 1 这两个数码组合而成的。对于数字、文字、语音、图像、视频等多种表示形式的信息，需要计算机在加工处理时，按照一定的规则转换成由 0 和 1 组成的编码。

1. 数制与编码

数制与编码

1）十进制数

在日常生活中人们习惯使用十进制数，十进制数的数码为 0、1、2、3、4、5、6、7、8、9 共 10 个，基数为 10，进位规则为"逢十进一，借一当十"。

2）二进制数

二进制数由 0 和 1 两个数码组成，基数为 2，进位规则为"逢二进一，借一当二"。二进制数可以展开成基数为 2、降幂排列的多项式形式，如：

$$1101.01B=1×2^3+1×2^2+0×2^1+1×2^0+0×2^{-1}+1×2^{-2}=8+4+0+1+0+0.25=13.25$$

二进制数的运算规则简单。两个 1 位二进制数的求和、求积运算组合仅有以下几种，即 0+0=0，0+1=1，1+0=1，1+1=10（向高位进一）及 0×0=0，0×1=0，1×0=0，1×1=1。

3）八进制数和十六进制数

由于二制进数表示的数据位数较长，不便于记忆和书写，因此常常将 3 个二进制位或 4 个二进制位作为一组，变成八进制数或十六进制数。

十进制、二进制、八进制、十六进制对比如表 1-3 所示。

表 1-3　十进制、二进制、八进制、十六进制对比

十　进　制	二　进　制	八　进　制	十六进制
0	0	0	0
1	1	1	1
2	10	2	2
3	11	3	3

续表

十　进　制	二　进　制	八　进　制	十　六　进　制
4	100	4	4
5	101	5	5
6	110	6	6
7	111	7	7
8	1000	10	8
9	1001	11	9
10	1010	12	A
11	1011	13	B
12	1100	14	C
13	1101	15	D
14	1110	16	E
15	1111	17	F

为了区分不同的进制数，常在数字后加一个缩写字母作为不同进制数的标识，常用进制表示形式如表 1-4 所示。

表 1-4　常用进制表示形式

进　制	后　缀	基　数	可使用的数码	示　例
二	B	2	0 和 1	10110110B
八	Q 或 O	8	0、1、2、…、7	17560Q
十	D（可以省略）	10	0、1、2、…、9	956
十六	H	16	0、1、2、…、9，A、B、C、…、F	1A0BH

4）不同进制数之间的转换方法

（1）将任意 R（二、八、十六）进制数转换成十进制数。

方法是：对 R 进制数按权展开相加即可。R 进制数（$a_n a_{n-1} a_{n-2} \cdots$ $a_1 a_0 . a_{-1} a_{-2} \cdots a_{-m}$）$_R$ 可转换成十进制数为：

$$a_n \times R^n + a_{n-1} \times R^{n-1} + a_{n-2} \times R^{n-2} + \cdots a_1 \times R^1 + a_0 \times R^0 + a_{-1} \times R^{-1} + a_{-2} \times R^{-2} + \cdots a_{-m} \times R^{-m}$$

将任意 R 进制数
转换成十进制数

例 1：将二进制数 1011.1 转换成对应的十进制数。

解：$1011.1B = 1 \times 2^3 + 0 \times 2^2 + 1 \times 2^1 + 1 \times 2^0 + 1 \times 2^{-1} = 8 + 0 + 2 + 1 + 0.5 = 11.5$

例 2：将八进制数 37.24 转换成对应的十进制数。

解：$37.24Q = 3 \times 8^1 + 7 \times 8^0 + 2 \times 8^{-1} + 4 \times 8^{-2} = 24 + 7 + 0.25 + 0.0625 = 31.3125$

例 3：将十六进制数 72F.6A 转换成对应的十进制数。

解：$72F.6AH = 7 \times 16^2 + 2 \times 16^1 + 15 \times 16^0 + 6 \times 16^{-1} + 10 \times 16^{-2} \approx 1839.414$

（2）将十进制数转换成对应的 R（二、八、十六）进制数。

将十进制数转换成对应的 R 进制数的方法是：对于整数部分，采用"除 R 取余"法，即用被除数反复除以 R，除第一次外，每次除以 R 均取前一次商的整数部分作为被除数并依次记下每次的余数，所得到的商的最后一位余数是所求 R 进制数的最高位；对于小数部分，采用"乘 R 取整"法，即连续乘以基数 R，并依次取出整数部分，直到结果的小数部分为 0 为止。

将十进制数转换成
对应的 R 进制数

例 4：将十进制数 236.625 转换成对应的二进制数。

解：整数部分（"除 2 取余"法）：

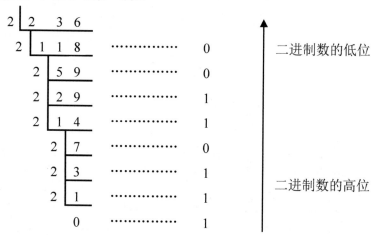

二进制数的低位

二进制数的高位

小数部分（"乘 2 取整"法）：

取整数部分

$0.625 \times 2 = 1.25$ 1   高位

$0.25 \times 2 = 0.5$ 0

$0.5 \times 2 = 1.0$ 1   低位

因此，236.625D=11101100.101B。

提示：将十进制数转换成其他进制数的方法与上述方法类似。

（3）将二进制数转换成对应的八进制数。

由于 1 位八进制数对应 3 位二进制数，因此在将二进制数转换成八进制数时，只要以小数点为界，整数部分向左，小数部分向右，每 3 位分成一组，各组用对应的 1 位八进制数表示，即可得到对应的八进制数。当两端的分组不足 3 位时，可用 0 补足。

例 5：将二进制数 101011110.10110001 转换成对应的八进制数。

解：101   011   110   .   101   100   010

     5   3   6   5   4   2

因此，101011110.10110001B=536.542Q。

同理，用相反的方法可以将八进制数转换成对应的二进制数。

二、八、十六进制数相互转换

（4）将二进制数转换成对应的十六进制数。

由于 1 位十六进制数对应 4 位二进制数，因此在将二进制数转换成十六进制数时，只要以小数点为界，整数部分向左，小数部分向右，每 4 位分成一组，各组用对应的 1 位十六进制数表示，即可得到对应的十六进制数。当两端的分组不足 4 位时，可用 0 补足。

例 6：将二进制数 1110100011.10110110 转换成对应的十六进制数。

解：0011   1010   0011   .   1011   0110

     3   A   3   .   B   6

因此，1110100011.10110110B＝3A3.B6H。

同理，用相反的方法可以将十六进制数转换成对应的二进制数。

至于其他转换方法，如八进制数与十进制数、十六进制数与十进制数之间的转换，同样可以使用按权展开的多项式之和及整数部分用"除 R 取余"法、小数部分用"乘 R 取整"法来实现。只不过，此时基数 R 分别为 8 和 16。

各种进制数之间的转换关系如图 1-23 所示。

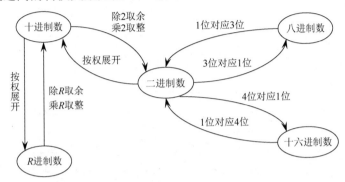

图 1-23　各种进制数之间的转换关系

（5）使用计算器转换数制。

Windows 10 提供了计算器这个可以转换进制的工具，使用它可以检验和计算一些数制转换的问题。

单击"开始"按钮，在打开的"开始"菜单中选择"计算器"命令，打开计算器；选择"≡"菜单中的"程序员"命令，切换到程序员模式，可以进行数制转换，如图 1-24 所示。

图 1-24　"程序员"计算器

2. 文字与编码

1）西文字符编码

计算机中的信息都是用二进制编码表示的，用以表示字符的二进制编码被称为字符编

文字与编码

码。计算机中常用的字符编码是 ASCII 码。

ASCII 码是美国标准信息交换代码，被国际标准化组织指定为国际标准。ACSII 码有 7
位和 8 位两种版本。国际通用的 7 位 ASCII 码是用 7 位二进制数表示一个字符的编码，其
编码范围为 0000000B～1111111B，共有 2^7=128 个不同的编码值，相应地，可以表示 128 个
不同字符的编码。

ASCII 码值用十进制形式表示。标准 ASCII 码如表 1-5 所示。

表 1-5　标准 ASCII 码

ASCII 码值	字　符	ASCII 码值	字　符	ASCII 码值	字　符	ASCII 码值	字　符
0	NUL	32	(space)	64	@	96	、
1	SOH	33	!	65	A	97	a
2	STX	34	"	66	B	98	b
3	ETX	35	#	67	C	99	c
4	EOT	36	$	68	D	100	d
5	ENQ	37	%	69	E	101	e
6	ACK	38	&	70	F	102	f
7	BEL	39	'	71	G	103	g
8	BS	40	(	72	H	104	h
9	HT	41	)	73	I	105	i
10	LF	42	*	74	J	106	j
11	VT	43	+	75	K	107	k
12	FF	44	,	76	L	108	l
13	CR	45	–	77	M	109	m
14	SO	46	.	78	N	110	n
15	SI	47	/	79	O	111	o
16	DLE	48	0	80	P	112	p
17	DC1	49	1	81	Q	113	q
18	DC2	50	2	82	R	114	r
19	DC3	51	3	83	X	115	s
20	DC4	52	4	84	T	116	t
21	NAK	53	5	85	U	117	u
22	SYN	54	6	86	V	118	v
23	ETB	55	7	87	W	119	w
24	CAN	56	8	88	X	120	x
25	EM	57	9	89	Y	121	y
26	SUB	58	:	90	Z	122	z
27	ESC	59	;	91	[	123	{
28	FS	60	<	92	/	124		
29	GS	61	=	93	]	125	}
30	RS	62	>	94	^	126	~
31	US	63	?	95	_	127	DEL

可以看到，在 128 个字符中有 34 个不可打印的控制字符和 94 个可打印的字符。计算

机内部用 1 字节（8 个二进制位）存放一个 7 位 ASCII 码，最高位置 0。

扩展的 ASCII 码使用 8 位二进制数表示一个字符的编码，可表示 2^8=256 个不同字符的编码。

2）汉字编码

同其他符号一样，汉字在计算机中也只以二进制形式出现。它的编码分为 4 种，分别是输入码、交换码、机内码和字形码。计算机处理汉字的过程如图 1-25 所示。

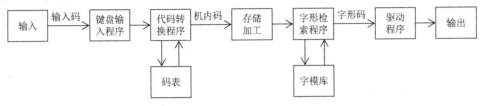

图 1-25　计算机处理汉字的过程

（1）输入码。

输入码是通过不同的键组合的编码，用于完成汉字输入，常用的拼音输入法、五笔输入法等输入的编码都属于汉字的输入码。

（2）交换码。

在计算机中，不同系统之间进行汉字数据交换使用的编码就是交换码。我国一直采用国家标准 GB 2312-80 规定的国标码作为统一的交换码。

（3）机内码。

机内码是汉字在设备和信息处理系统内部存储、处理、传输的编码。计算机英文系统中没有交换码和机内码之分。

（4）字形码。

字形码用于在输出汉字时产生汉字字形。字形码通过点阵产生汉字，如由各种字体构成的汉字字库中的编码。

3．多媒体信息与编码

多媒体信息主要包括语音、图像、视频等信息，计算机对多媒体信息的存储与处理也是通过编码来实现的。

语音、图像、视频等信息存储到计算机内部的转化过程是类似的，都经过 4 个步骤的处理：（1）对信息进行采样；（2）量化；（3）模/数转化；（4）编码成各种格式的数据文件。

常见的声音文件格式有 WAV、MIDI、MP3、WMA 等；常见的图像文件格式有 BMP、TIFF、GIF、JPG 等；常见的视频文件格式有 AVI、MPEG、RM、WMV 等。

4．数据在计算机中存储的常用单位

数据在计算机中存储的常用单位有"位""字节""字""地址"。

1）位

位也称比特，是计算机中存储数据的最小单位，由数字 0 或 1 组成。1 位可以存储一个值为 0 或 1 的二进制数。

2）字节

规定 1 字节为 8 位，即 1B=8bit。如 10110110 为 1 字节。字节是构成信息的小单位，作为一个整体来参加操作，比字小，是构成字的单位。通常，一个英文字符（ASCII 码）占 1 字节；一个汉字国标码占 2 字节。

3）字

字指计算机一次存取、处理和传输固定长度的数据位组，即作为一个整体来参加运算或处理的单位。一个字通常由 1 字节或多字节构成，用来存放一条指令或一个数据。

4）地址

地址指存储单元的编号或名称。地址与存储单元是一一对应的，CPU 通过地址访问存储单元中的信息，地址对应的存储单元中的信息是 CPU 操作的对象，即数据或指令本身。地址用二进制编码表示，为便于识别通常采用十六进制形式。

 能力拓展

选择题

（1）以二进制和程序控制为基础的计算机结构是由_____最早提出的。

    A．布尔   B．巴贝奇

    C．冯·诺依曼   D．艾伦·麦席森·图灵

（2）世界上第一台电子数字计算机名为_____。

    A．UNIVAC   B．ENIAC   C．EDSAC   D．EDVAC

（3）计算机的发展阶段通常是按计算机采用的来_____划分的。

    A．内存容量   B．电子器件

    C．程序设计语言   D．操作系统

（4）计算机内部采用_____数进行运算。

    A．二进制   B．十进制   C．八进制   D．十六进制

（5）下列不可能是八进制数的是_____。

    A．4005   B．6772   C．6581   D．7652

（6）将十进制数 257 转换成对应的二进制数是_____。

    A．11101110   B．11111111   C．100000001   D．10000011

（7）将二进制数 11110.011 转换成对应的十进制数是_____。

    A．30.375   B．30.03   C．34.375   D．34.03

（8）将八进制数 253.24 转换成对应的二进制数是_____。

    A．10101011.0101   B．1010111.10100

    C．10101011.10100   D．1010111.010100

（9）将二进制数 111010.11 转换成对应的十六进制数是_____。

    A．3AC   B．3A.C   C．3A3   D．3A.3

（10）将十六进制数 76 转换成对应的二进制数是_____。

    A．1110110   B．110110   C．1011011   D．111011

（11）将十六进制数 FF.1 转换成对应的十进制数是_____。

  A．250.1625 B．255.0625 C．255.625 D．250.0625

（12）若某显示器技术参数标明"TFT,1024×768"，则 1024×768 表明该显示器的_____。

  A．分辨率是 1024×768   B．尺寸是 1024mm×768mm

  C．刷新率是 1024×768   D．真彩度是 1024×768

（13）下列不属于多媒体硬件的是_____。

  A．光盘驱动器 B．视频卡 C．音频卡 D．加密卡

（14）已知某主机的电子邮件地址为 cat@public.mba.net.cn，其中 cat 代表_____。

  A．用户名 B．网址 C．域名 D．主机名

（15）局域网的英文缩写是_____。

  A．WAM B．LAN C．MAN D．Internet

（16）下列_____是不合规的 IP 地址。

  A．192.168.0.100   B．211.70.120.31

  C．110.100.256.3   D．19.77.11.23

（17）Internet 是一个覆盖全球的大型互联网，用于连接多个广域网和局域网的设备主要是_____。

  A．路由器 B．主机 C．网桥 D．防火墙

（18）对应 ASCII 码表，下列有关 ASCII 码值大小关系描述正确的是_____。

  A．CR<d<G B．a<A<9 C．9<A<CR D．9<R<n

（19）Internet 采用的协议集为_____。

  A．HTTP B．FTP C．SMTP D．TCP/IP

（20）E-mail 地址的通用格式是_____。

  A．主机域名@用户名   B．用户名@主机域名

  C．用户名#主机域名   D．主机域名#用户名

模块 2　Windows 10 操作系统

Windows 10 是基于图形界面的多任务磁盘操作系统。它作为微软新一代操作系统，以友好且新颖的界面、简化的菜单、独特的设计等特点，使个人计算机的使用变得更加简单、易用。它不仅具有强大的功能、优越的性能、炫酷的外观和帮助系统，而且具有很高的可信任性和安全性。

任务 1　认识 Windows 10 操作系统

任务描述

要学习 Windows 10 的使用方法，学生应先掌握如何正确启动和退出 Windows 10。正确掌握 Windows 10 的基本操作，可以为以后的工作打下良好的基础。

技术分析

◇　启动和退出 Windows 10
◇　认识 Windows 10 桌面
◇　设置 Windows 10 桌面

任务实现

1. 启动 Windows 10

（1）按显示器的电源按钮，打开显示器。
（2）按主机的 Power 按钮，打开主机电源，计算机开始启动。
（3）出现"欢迎"界面，如果 Windows 10 中只有一个用户账户，且没有设置密码，那么直接进入 Windows 10。如果 Windows 10 中拥有多个用户账户，那么单击用户图标，输入密码，单击"登录"按钮进入 Windows 10。

2. 认识 Windows 10 桌面

进入 Windows 10 后看到的整个计算机屏幕界面被称为"桌面"。桌面的组成元素主要包括桌面背景、桌面图标、"开始"按钮、任务栏等，如图 2-1 所示。

认识 Windows 10 桌面

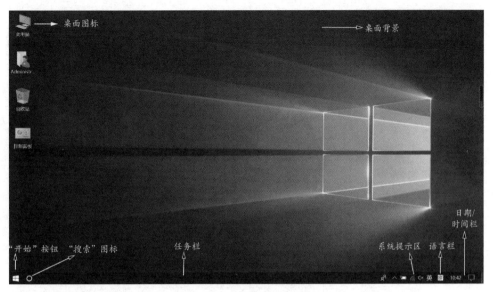

图 2-1 Windows 10 桌面

1）桌面背景

桌面背景又称"壁纸"，可以是个人收集的图片或系统自带的图片。用户可以根据自己的需要进行桌面背景的更换。

2）桌面图标

桌面图标一般由图片和文字两部分组成，文字用于说明图标的名称或功能，图片是它的标识。桌面图标分为系统图标和快捷图标两种。双击桌面图标可以快速启动应用程序或打开文档。

（1）系统图标。

系统图标指启动 Windows 10 后，系统自动加载到桌面上的图标。桌面上的"此电脑""回收站""控制面板"图标都属于系统图标。

（2）快捷图标。

快捷图标指应用程序的快捷启动方式图标。其主要特征是在图标左下角有一个箭头标识。双击该图标可以快速启动相应的应用程序。

3）"开始"按钮

单击"开始"按钮，即可打开"开始"菜单。通过"开始"菜单可以运行各种应用程序，访问系统中的所有资源。"开始"菜单中有 Windows 10 中的各种命令、程序组、应用程序项，以及相应的下一级菜单。

4）任务栏

任务栏位于桌面底部。从左到右依次为"搜索"图标、系统提示区、语言栏、日期/时间栏。

（1）"搜索"图标：单击"搜索"图标，在搜索框中输入需要查找的内容，就可以快速找出对应的内容。Windows 10 中搜索框的功能强大，能做到全局搜索。使用搜索框不仅可以搜索系统内部文件，而且可以搜索网上信息。

（2）系统提示区：显示时间和日期、音量控制，以及正在运行的一些程序的图标。

（3）语言栏：显示当前输入法，可以切换语言及输入法，且可以浮动显示。

3. 设置 Windows 10 桌面

设置 Windows 10 桌面

1）设置桌面背景和屏幕保护程序

右击桌面空白处，在弹出的快捷菜单中选择"个性化"命令，打开
"设置"窗口，选择"背景"选项，如图 2-2 所示。如果需要使用其他图
片，那么可以单击"浏览"按钮进行选择。

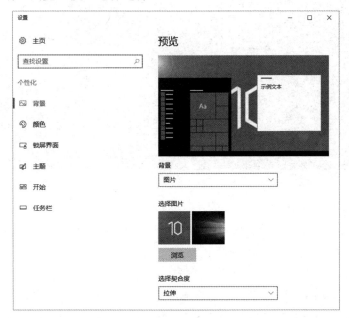

图 2-2 "设置"窗口

选择"锁屏界面"选项，选择"屏幕保护程序设置"选项，打开"屏幕保护程序设置"对
话框，选择屏幕保护程序，设置等待时间，单击"确定"按钮，即可完成设置，如图 2-3 所示。

图 2-3 "屏幕保护程序设置"对话框

2）设置桌面图标

（1）方法 1：在"设置"窗口中，选择"主题"选项，选择"桌面图标设置"选项，打开"桌面图标设置"对话框，勾选相应的复选框，单击"确定"按钮，即可完成设置，如图 2-4 所示。

图 2-4　"桌面图标设置"对话框

（2）方法 2：单击"开始"按钮，在打开的"开始"菜单中选择需要创建快捷方式的应用程序，按住鼠标左键，将其拖动到桌面上，松开鼠标左键即可。

☑ **应用技巧**：也可以找到要创建快捷方式的应用程序的文件或文件夹并右击，在弹出的快捷菜单中选择"发送到"→"桌面快捷方式"命令，完成快捷方式的创建，如图 2-5 所示。

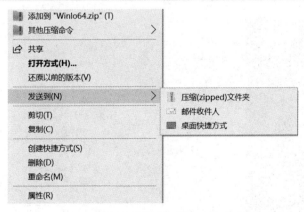

图 2-5　选择"桌面快捷方式"命令

（3）重新排列图标。

右击桌面空白处，在弹出的快捷菜单中选择"排序方式"命令，在打开的"排序方式"子菜单中选择需要的排序方式，即可完成对图标的重新排列，如图 2-6 所示。

图 2-6 "排序方式"子菜单

3）操作任务栏

（1）调整任务栏的大小。

右击任务栏空白处，弹出任务栏快捷菜单，如图 2-7 所示。取消选择"锁定任务栏"命令，即可调整任务栏的大小。移动鼠标指针至任务栏的上边框处，当鼠标指针变成上下双箭头形状时，按住鼠标左键并向上拖动，任务栏便随之加宽，待调整任务栏到合适大小后松开鼠标左键即可。

💡 提示：也可以在图 2-7 中，选择"任务栏设置"命令，打开"任务栏"设置窗口对任务栏进行设置，如图 2-8 所示。在图 2-2 中，选择"任务栏"选项，也可以打开"任务栏"设置窗口。

（2）隐藏任务栏。

在图 2-8 中，将"在桌面模式下自动隐藏任务栏"选项打开，即可隐藏任务栏。

图 2-7 任务栏快捷菜单   图 2-8 设置任务栏

4）自定义显示器

右击桌面空白处，在弹出的快捷菜单中选择"显示设置"命令，打开"设置"窗口，选择"显示"选项。在"显示"设置窗口中可以设置"缩放与布局"选项组中的"更改文本、应用等项目的大小""分辨率""方向"选项，如图 2-9 所示。

图 2-9　"显示"设置窗口

分辨率指将屏幕中的行和列分割成的像素点数量，如分辨率为 800 像素×600 像素就是将屏幕分割为 800×600 个像素点。分辨率越高，在同一个显示器中就拥有越大的显示区域，反之就越少。

4. 退出 Windows 10

单击"开始"按钮，打开"开始"菜单，单击 ⏻ 图标，根据用户的不同需求，可以选择不同的退出方式，如睡眠、休眠、关机、重启。也可以按组合键 Alt+F4，选择退出方式，单击"确定"按钮，如图 2-10 所示。

退出 Windows 10

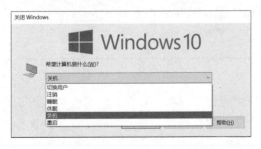

图 2-10　"关闭 Windows"对话框

（1）关机：计算机在正常运行的情况下，自动关闭所有打开的程序，退出 Windows 10 并自动关闭主机。

（2）切换用户：在不关闭程序和文件的情况下，切换到其他用户账户中。

（3）注销：退出当前运行的所有程序，系统重新返回到登录状态，重新选择登录用户账户。

（4）睡眠：使计算机转换为低耗能状态，切断除内存之外的其他设备的供电，保持内存中的数据依然运转，恢复系统只需数秒。

（5）休眠：将信息保存到硬盘中，切断对所有设备的供电，当再次开机时，恢复到退出系统时的位置。

 知识拓展

窗口和对话框

1．窗口

窗口是 Windows 10 的重要组成部分，当打开一个文件、文件夹或运行某个应用程序时，都会产生一个窗口。双击要打开的应用程序图标，即可打开应用程序窗口。

1）窗口的主要元素及其功能

双击"此电脑"图标，打开"此电脑"窗口。"此电脑"窗口主要由标题栏、功能区、导航窗格、详细信息窗格等组成，如图 2-11 所示。

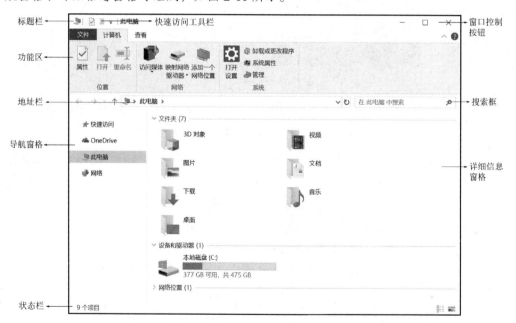

图 2-11 "此电脑"窗口

（1）标题栏：位于窗口的顶部，从左到右分别为快速访问工具栏，窗口内容标题和窗口控制按钮。当打开多个窗口时，当前工作窗口只有一个，该窗口中标题栏的颜色会相对较深，而其他窗口中的标题栏呈灰色。窗口控制按钮用于对窗口进行"最小化""最大化""还原""关闭"。

（2）功能区：Windows 10 将同类操作放在一个选项卡中，选项卡中的命令按相关的功能组合成不同的组。功能区通常显示 3 个选项卡，分别是"文件"、"计算机"和"查看"。

（3）窗格：分为导航窗格、预览窗格、详细信息窗格。选择"查看"选项卡的"窗格"

组中的不同命令，可以打开或关闭不同类型的窗格。

2）窗口的基本操作

（1）调整窗口大小。

若要改变窗口大小，则需要将鼠标指针移动到窗口的边框上，当鼠标指针变成双箭头形状时，按住鼠标左键并拖动，向外侧拉为放大窗口，向内侧推为缩小窗口。注意，最大化或最小化后的窗口是不能改变大小的。

（2）移动窗口。

在窗口没有最大化或最小化时，将鼠标指针移动到标题栏处，按住鼠标左键并拖动即可实现在桌面上移动窗口。

（3）切换窗口。

使用 Windows 10 可以同时打开多个窗口、运行多个应用程序，而当前处于活动的窗口只有一个。要想在多个窗口之间进行切换，只要单击任务栏中对应的应用程序按钮或单击该窗口的任何位置即可，也可以按组合键 Alt+Tab 或 Alt+Esc。

（4）对齐和排列窗口。

对齐和排列窗口有层叠窗口、堆叠显示窗口、并排显示窗口 3 种。打开一个窗口，右击任务栏空白处，在弹出的快捷菜单中选择一种排列方式即可。当已最小化所有窗口时，以上排列方式会被禁用。

2．对话框

对话框是用户与应用程序之间进行信息交互的窗口，用户只有在对其进行响应后才能继续操作。不能最大化、最小化对话框，也不能调整对话框大小。图 2-12 所示为"文件夹选项"对话框。

图 2-12　"文件夹选项"对话框

任务 2 定制 Windows 10 工作环境

任务描述

Windows 10 的控制面板是用来对系统进行设置的工具集，用户可以根据自己的喜好、习惯对系统进行设置，定制个性化的工作环境，以便更好地使用系统。

技术分析

◇ 打开"控制面板"窗口

◇ 更改桌面主题、设置时间和日期、设置区域、添加语言、设置用户账户、卸载和更改应用程序、添加和删除系统组件

◇ 磁盘管理、磁盘格式化、碎片整理、优化驱动器、磁盘清理

任务实现

1. 打开"控制面板"窗口

打开"控制面板"窗口

单击"开始"按钮，在打开的"开始"菜单中选择"Windows 系统"→"控制面板"命令，即可打开"控制面板"窗口。Windows 10 的控制面板查看方式包括类别和图标，图 2-13 是按类别显示的，图 2-14 是按图标显示的。

图 2-13① 按类别显示

———————————

① 图 2-13 中的"帐户"应为"账户"，后文同。

图 2-14 按图标显示

2. 利用控制面板定制个性化的工作环境

1）更改桌面主题

在图 2-14 中，单击"任务栏和导航"链接，打开"设置"窗口，选择"主题"选项，打开如图 2-15 所示的"主题"设置窗口。

更改桌面主题，设置日期和时间、区域并添加语言

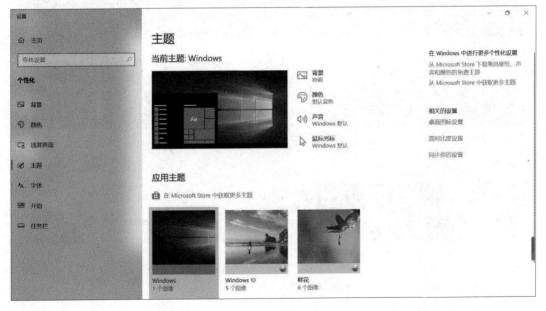

图 2-15 "主题"设置窗口

在"主题"设置窗口中，可以对背景、颜色、声音、鼠标光标进行设置，也可以选择新应用主题。"声音"对话框和"鼠标 属性"对话框分别如图 2-16 和图 2-17 所示。

35

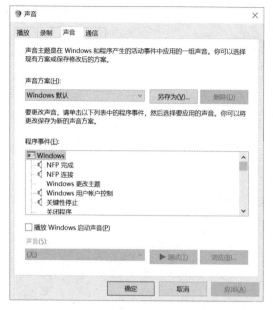

图 2-16　"声音"对话框　　　　图 2-17　"鼠标 属性"对话框

选择"从 Microsoft Store 中获取更多主题"选项，进入主题商店，如图 2-18 所示。用户可以根据自己的需要，下载并应用主题。

图 2-18　主题商店

2）设置日期和时间、区域并添加语言

（1）设置日期和时间。

右击任务栏中日期/时间栏的日期和时间，在弹出的快捷菜单中选择"调整日期/时间"命令，或在"所有控制面板项"窗口中单击"日期和时间"链接，都可以打开"日期和时间"对话框，如图 2-19 所示。在该对话框中不但可以调整日期和时间，而且可以更改时区。

图 2-19　"日期和时间"对话框

（2）设置区域。

在"所有控制面板项"窗口中单击"区域"链接，打开"区域"对话框，如图 2-20 所示。

说明：在"区域"对话框中可以进行日期和时间格式，以及输入语言的设置。在"区域"对话框中，单击"其他设置"按钮，在打开的"自定义格式"对话框中，可以进行"数字""货币""时间""日期""排序"的设置，如图 2-21 所示。

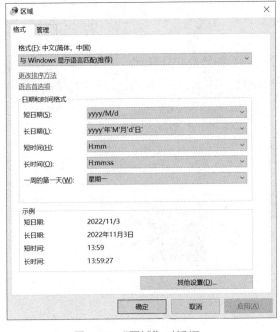

图 2-20　"区域"对话框

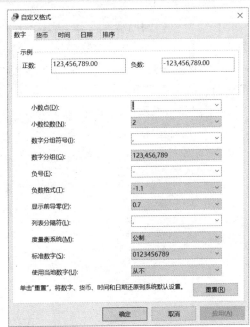

图 2-21　"自定义格式"对话框

（3）添加语言。

在"区域"对话框中单击"语言首选项"链接，打开"语言"设置窗口，选择"语言"选项，单击"添加语言"按钮，选择要添加的语言，即可添加新语言，如图2-22所示。

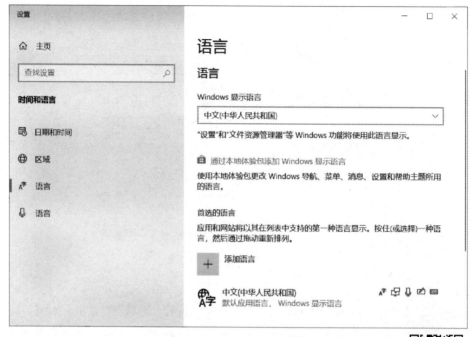

图 2-22 "语言"设置窗口

设置用户账号、程序和功能

3）设置用户账户

（1）创建新用户账户。

在"所有控制面板项"窗口中单击"用户账户"链接，打开"用户账户"窗口，如图2-23所示。单击"管理其他账户"链接，打开"管理账户"窗口，如图2-24所示。

在"管理账户"窗口中，单击"在电脑设置中添加新用户"链接，进入"其他用户"设置窗口，如图2-25所示。单击"将其他人添加到这台电脑"按钮，进行相应的操作，打开"本地用户和组"窗口，如图2-26所示。

图 2-23 "用户账户"窗口

图 2-24　"管理账户"窗口

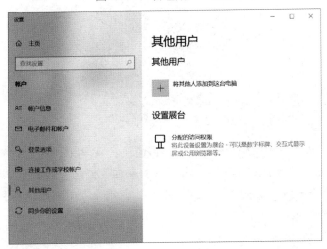

图 2-25　"其他用户"设置窗口

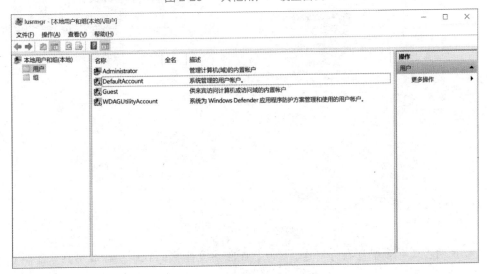

图 2-26　"本地用户和组"窗口

选择"用户"选项,在菜单栏中选择"操作"→"新用户"命令,打开"新用户"对话框,输入用户名和密码,单击"创建"按钮,完成新用户账户的创建,如图 2-27 所示。此时,新用户账户会在"本地用户和组"窗口中显示。

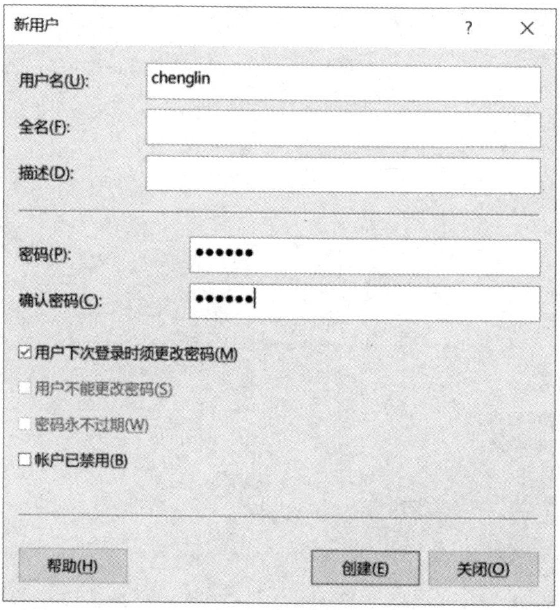

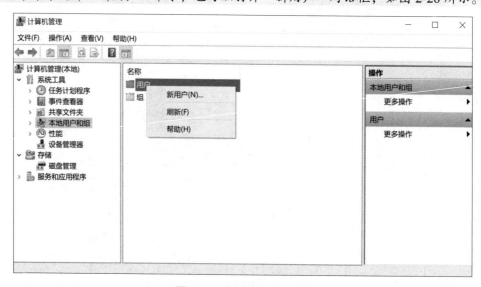

图 2-27　创建"新用户"对话框

☑️ **应用技巧:** 右击"此电脑"图标,在弹出的快捷菜单中选择"管理"命令,打开"计算机管理"窗口,选择"系统工具"→"本地用户和组"选项,右击"用户"选项,在弹出的快捷菜单中选择"新用户"命令,也可以打开"新用户"对话框,如图 2-28 所示。

图 2-28　创建新用户账户

🔊 **说明:** 只有管理员拥有创建、更改、删除用户账户的权限。标准用户只能浏览和更改自己的信息。

（2）修改用户账户。

右击要更改的用户账户图标，弹出如图 2-29 所示的快捷菜单，可以重命名用户账户和更改用户账户密码。

4）设置程序和功能

（1）卸载和更改应用程序。

在"所有控制面板项"窗口中，单击"程序和功能"链接，打开"程序和功能"窗口，右击需要卸载或更改的应用程序，如图 2-30 所示。在弹出的快捷菜单中选择"卸载/更改"命令，根据向导完成应用程序的卸载或更改。

图 2-29　弹出的快捷菜单

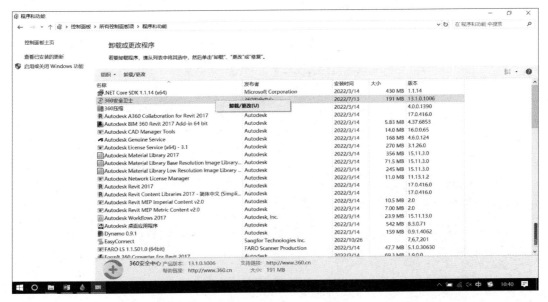

图 2-30　"程序和功能"窗口

（2）添加和删除系统组件。

单击图 2-30 左侧的"启动或关闭 Windows 功能"链接，弹出"Windows 功能"对话框，如图 2-31 所示。在列表框中勾选要添加的系统组件，单击"确定"按钮即可添加系统组件。如果要删除已安装的系统组件，取消勾选对应的系统组件即可。

3. 使用系统工具

1）磁盘管理

使用系统工具

打开"所有控制面板项"窗口，单击"管理工具"链接，双击"存储"→"磁盘管理"选项，可以看到计算机上的分区信息，如图 2-32 所示。也可以单击"开始"按钮，在打开的"开始"菜单中选择"Windows 管理工具"→"计算机管理"命令打开"计算机管理"窗口。

如果对已存在的分区分配不满意，那么可以将已存在的分区删除或扩充，但要注意一旦执行删除操作，其分区中的信息也将全部被清除。右击已存在的一个逻辑驱动器，在弹出的快捷菜单中选择"删除卷"命令或"扩展卷"命令，经过系统确认后，就可以完成分区的删除或扩展。

图 2-31　"Windows 功能"对话框

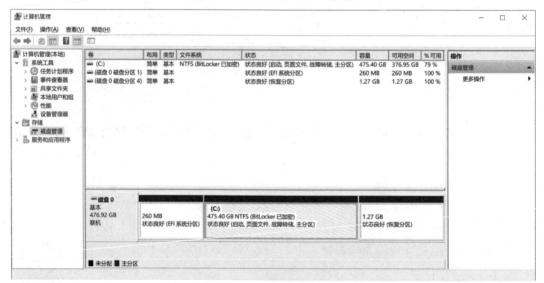

图 2-32　"计算机管理"窗口

> 说明：分区指将一个物理硬盘逻辑地划分为多个区域，每个区域都可以像一个独立的磁盘一样被访问，如将一个物理硬盘分为 C 盘、D 盘或 E 盘。它们只代表了硬盘被分为的 3 个区，而不是在计算机上有 3 个硬盘。物理上连续的没有建立分区的磁盘空间会作为一个整体显示，可以将它们重新划分。

2）磁盘格式化

磁盘格式化的目的是对磁盘进行参数设置，如确定磁盘格式化的文件系统和卷标等。

在"计算机管理"窗口中，右击要格式化的驱动器，在弹出的快捷菜单中选择"格式化"命令，在打开的"格式化"窗口中选择文件系统的类型（FAT16、FAT32、NTFS 等），输入卷标名称，单击"开始"按钮，即可格式化该磁盘。注意，将磁盘格式化后，磁盘上的原有数据会被全部删除。

　　3）碎片整理和优化驱动器

　　随着系统的使用，磁盘难免会产生许多零碎的空间，一个文件可能保存在硬盘上几个不连续的区域（簇）中。在对磁盘进行读写操作时，如删除、复制和创建文件，磁盘中也会产生文件碎片，它们将影响数据的存取速度。整理碎片有助于提高磁盘性能，可以重新安排信息、优化磁盘，将分散碎片整理为物理上连续的空间。

　　在"开始"菜单中选择"Windows 管理工具"→"碎片整理和优化驱动器"命令，打开"优化驱动器"窗口，如图 2-33 所示。选择待整理的驱动器，单击"优化"按钮，即可对指定磁盘进行碎片情况分析及整理。

图 2-33　"优化驱动器"窗口

　　4）磁盘清理

　　系统工作一段时间后，会产生很多垃圾文件，如程序安装时产生的临时文件、上网时留下的缓冲文件、删除软件时剩下的 DLL 文件、强行关机时产生的错误文件等。利用 Windows 10 提供的磁盘清理工具，可以轻松且安全地实现磁盘的清理，删除无用的文件。

　　在"开始"菜单中选择"Windows 管理工具"→"磁盘清理"命令，选择要清理的驱动器，在弹出的对话框中列出了需要清理的内容，确认后单击"确定"按钮，开始清理磁盘，如图 2-34 和图 2-35 所示。

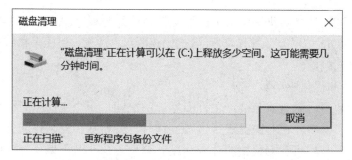

图 2-34　"磁盘清理"对话框

图 2-35　"（C:）的磁盘清理"对话框

任务 3　管理文件和文件夹

任 务 描 述

　　若计算机存储的文件和文件夹杂乱无章，则会大大降低计算机的工作效率。正确地管理计算机中的文件和文件夹，可以很好地帮助人们进行学习、工作和生活。

技术分析

- ◇　文件和文件夹的概念
- ◇　认识文件资源管理器
- ◇　设置文件夹选项
- ◇　新建文件和文件夹
- ◇　为文件和文件夹重命名
- ◇　移动/复制文件和文件夹
- ◇　为文件和文件夹创建快捷方式
- ◇　搜索并删除文件和文件夹
- ◇　设置文件和文件夹属性

任务实现

文件和文件夹的概念、
认识文件资源管理器

1. 文件和文件夹的概念

1）文件

在 Windows 10 中，文件是最小的数据组织单位，用于存放文本、图像等。文件由文件名、文件说明、分隔符、文件图标与扩展名几部分组成。

文件各组成部分的含义如下。

（1）文件名用于标识当前文件的名称，由用户自行设置，一般遵循"见名知义"的原则。

（2）文件说明用于详细说明当前文件的类型和大小。

（3）分隔符用于将文件名与扩展名区分开，便于用户识别。

（4）文件图标与扩展名的功能类似，用于表示当前文件的类型，是由应用程序自动建立的，并且不同的文件图标和扩展名也不相同，如 图标为文本文件图标。

2）文件夹

为了便于管理文件，可以把文件组织到目录和子目录中去，这些目录就是文件夹，子目录则是文件夹的子文件或子文件夹，如此可以形成一个文件夹树。

2. 认识文件资源管理器

文件资源管理器是 Windows 10 提供的用于管理文件和文件夹的系统工具，可以使用它查看本台计算机的所有资源。使用它提供的文件系统结构，能够更清楚、直观地认识计算机的文件和文件夹。

1）启动文件资源管理器

单击"开始"按钮，在打开的"开始"菜单中选择"Windows 系统"→"文件资源管理器"命令，即可打开"文件资源管理器"窗口，如图 2-36 所示。

2）文件资源管理器的常用操作

（1）查看和切换文件夹。

在"文件资源管理器"窗口中查看和切换文件夹时，上方目录处会根据目录级别依次显示文件夹，还有向右的箭头。当用户单击其中的某个箭头时，该箭头会变为向下的箭头，

显示该目录下的所有文件夹名。单击其中的任意一个文件夹，即可快速切换至该文件夹访问页面。

（2）设置文件和文件夹的显示方式。

用户可以在"文件资源管理器"窗口的"查看"选项卡中根据需要重新设置文件或文件夹的显示方式，包括超大图标、大图标、中图标、小图标、列表、平铺、详细信息，如图 2-37 所示。

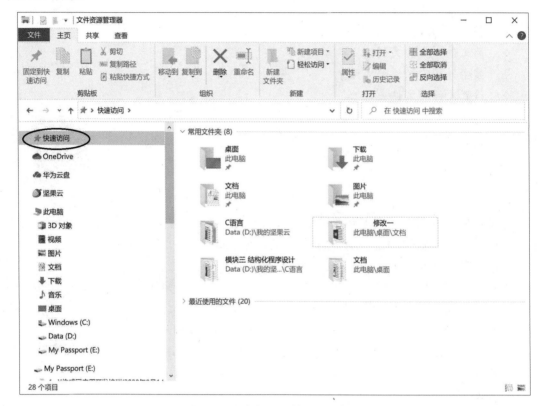

图 2-36 "文件资源管理器"窗口

图 2-37 显示方式

> **✓应用技巧**：也可以右击"文件资源管理器"窗口空白处，在弹出的快捷菜单中选择"查看"命令，设置文件或文件夹的显示方式。

3. 设置文件夹选项

选择"查看"→"选项"命令，打开"文件夹选项"对话框，在"常规"选项卡中可以对是否隐私进行设置。在"查看"选项卡中，取消勾选"隐藏已知文件类型的扩展名"复选框，单击"确定"按钮，即可显示文件的扩展名。此外，在"查看"选项卡中，也可以设置是否显示隐藏的文件、文件夹和驱动器，如图 2-38 所示。

设置文件夹选项、新
建文件和文件夹、为
文件和文件夹重命名

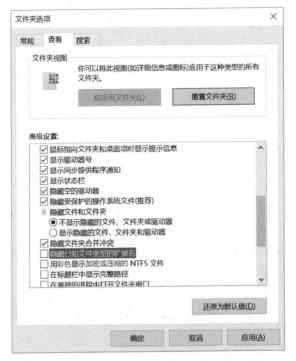

图 2-38　"文件夹选项"对话框

4. 新建文件和文件夹

（1）打开"此电脑"窗口，双击"本地磁盘（C:）"选项，打开"本地磁盘（C:）"窗口。

（2）右击右窗格空白处，在弹出的快捷菜单中选择"新建"命令，在打开的子菜单中根据需要选择相关命令，如图 2-39 所示。

图 2-39　"新建"子菜单

（3）输入文件名或文件夹名，按 Enter 键。

5. 为文件和文件夹重命名

对已经创建好的文件或文件夹，如果需要重命名，那么可以执行如下操作。

（1）右击需要重命名的文件或文件夹，在弹出的快捷菜单中选择"重命名"命令。

（2）输入新文件名或文件夹名，按 Enter 键。

> **说明**：在同一个文件夹中创建子文件夹，各个子文件夹名不能相同；文件名或文件夹名不能超过 255 个字符，并且不得含有\、→、:、?、"、*、<、>。

在为文件重命名时，可以根据需要更改文件名。如果更改扩展名，那么文件类型也会发生变化。

6. 移动/复制文件和文件夹

移动/复制文件和文件夹夹、为文件和文件夹创建快捷方式

（1）选择需要移动/复制的文件或文件夹。

① 选择多个不连续文件或文件夹：单击选择的第一个文件或文件夹，按住 Ctrl 键的同时依次单击其他文件或文件夹。

② 选择多个连续的文件或文件夹：单击选择的第一个文件或文件夹，按住 Shift 键的同时单击选择的最后一个文件或文件夹。

③ 选择所有文件或文件夹：按组合键 Ctrl+A。

（2）右击文件或文件夹，在弹出的快捷菜单中选择"剪切"命令或"复制"命令，也可以按组合键 Ctrl+X 或 Ctrl+C。

（3）右击目标位置，在弹出的快捷菜单中选择"粘贴"命令，也可以按组合键 Ctrl+V。

7. 为文件和文件夹创建快捷方式

为了方便且快捷地打开文件或文件夹，可以为文件或文件夹创建快捷方式，这样以后只需要双击创建的快捷方式图标即可打开对应的文件或文件夹。

（1）选择要创建快捷方式的文件或文件夹。

（2）右击，在弹出的快捷菜单中选择"发送到"→"桌面快捷方式"命令，即可在桌面上创建快捷方式，如图 2-40 所示。

图 2-40　在桌面上创建快捷方式

搜索、删除和还
原文件、文件夹

8．搜索并删除文件和文件夹

1）搜索文件和文件夹

（1）在"此电脑"窗口的搜索框中，输入关键词，单击 φ 图标，即可
启动搜索功能，如图 2-41 所示。

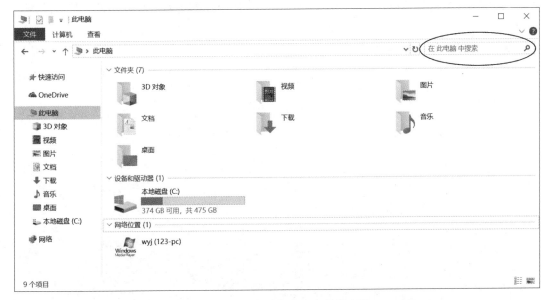

图 2-41　"此电脑"窗口中的搜索框

（2）单击任务栏中的"搜索"图标，在弹出的搜索框中输入要搜索的关键词，即可进
行搜索，如图 2-42 所示。

图 2-42　任务栏中的搜索框

搜索完成后，在显示结果区域将会显示系统搜索到的所有符合条件的文件或文件夹。

提示：在搜索文件或文件夹时，通常会使用通配符来进行模糊搜索。通配符主要有
"*"和"？"，其中"？"代表一个字符，"*"代表多个字符。

2）删除文件和文件夹

右击要删除的文件或文件夹，在弹出的快捷菜单中选择"删除"命令或直接按 Delete
键，弹出"确认文件删除"对话框，若要删除该文件或文件夹，则单击"是"按钮；若不删
除该文件或文件夹，则单击"否"按钮。

删除的文件或文件夹会进入回收站。回收站是一个系统文件夹，主要用来存放用户临时删除的文档资料，存放在回收站中的文档资料是可以被还原的。

3）还原文件和文件夹

单击桌面上的"回收站"图标，打开"回收站"窗口，如图 2-43 所示。右击要还原的文件或文件夹，在弹出的快捷菜单中选择"还原"命令，即可对文件或文件夹进行还原。

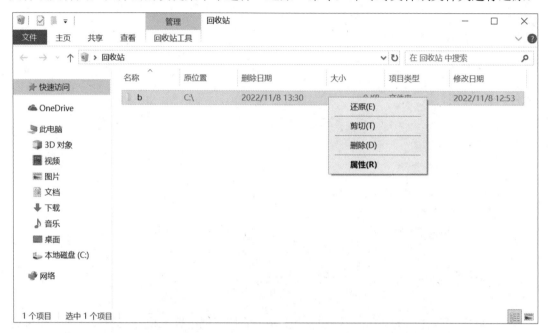

图 2-43　"回收站"窗口

　应用技巧：可以采用以下方式，不可恢复地删除文件和文件夹。

（1）右击桌面上的"回收站"图标，先在弹出的快捷菜单中选择"清空回收站"命令，再在弹出的"删除多个项目"对话框中单击"是"按钮，即可清空回收站，如图 2-44 所示。被删除的文件和文件夹不可恢复。

（2）选择要永久删除的文件或文件夹，按组合键 Shift+Delete。

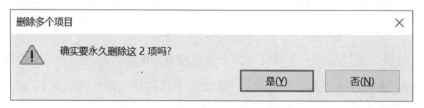

图 2-44　"删除多个项目"对话框

9. 设置文件和文件夹属性

（1）右击文件或文件夹，此处右击"faffa"文件夹，在弹出的快捷菜单中选择"属性"命令，打开"faffa 属性"对话框，如图 2-45 所示。

设置文件和
文件夹属性

图 2-45 "faffa 属性"对话框

说明：该对话框中有"常规""共享""安全""以前的版本""自定义"5 个选项卡，在该对话框中可以设置文件和文件夹的属性、为文件和文件夹设置个性化图标、设置网络文件和文件夹安全共享等。在"常规"选项卡中，有"只读（仅应用于文件夹中的文件）"和"隐藏"两个复选框，它们的含义分别如下。

① "只读（仅应用于文件夹中的文件）"复选框：将文件或文件夹设置为"只读"状态，设置后不能更改或删除该文件或文件夹。

② "隐藏"复选框：将文件或文件夹设置为"隐藏"状态，设置后在下一次进入该文件或文件夹所在目录窗口时，常规显示中不再显示该文件或文件夹图标。

单击"高级"按钮，打开"高级属性"对话框，如图 2-46 所示。在"高级属性"对话框中可以对文件或文件夹进行压缩、加密、存档等。

（2）切换到"共享"选项卡，先在"网络文件和文件夹共享"选项组中单击"共享"按钮，再在弹出的"网络访问"对话框中选择要与其共享的用户，单击"共享"按钮，实现共享，如图 2-47 和图 2-48 所示。

提示：若要取消共享设置，则打开"faffa 属性"对话框，在"共享"选项卡中单击"高级共享"按钮，取消勾选"共享此文件夹"复选框，单击"确定"按钮即可。

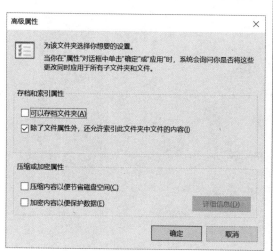

图 2-46 "高级属性"对话框

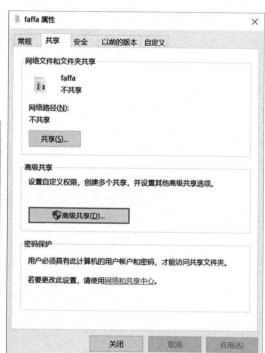

图 2-47 "共享"选项卡

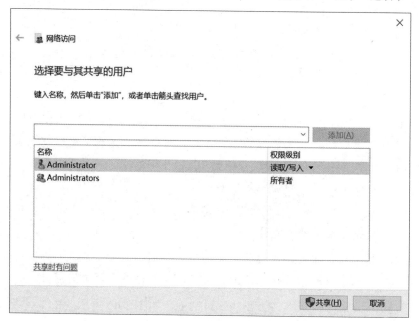

图 2-48 "网络访问"对话框

能力拓展

1. 设置 Windows 系统

（1）启动 Windows 10。

（2）退出 Windows 10。

（3）按图标类型排列桌面图标。

（4）调整任务栏大小并将其移动到桌面左侧。

（5）隐藏任务栏。

（6）更改任务栏中的时间和日期。

（7）打开"此电脑"窗口和启动 Word 2016，以横向平铺的形式排列桌面窗口。

（8）任选一种屏幕保护程序进行设置，等待时间为 5 分钟。

（9）将桌面颜色改为绿色。

（10）选择自己喜欢的墙纸改变当前桌面背景。

2．操作文件和文件夹

（1）在 D 盘根目录下创建个人文件夹，文件夹名为你的实际姓名，在个人文件夹中创建 3 个子文件夹，分别命名为 first、second、third。

（2）在 second 文件夹中新建 3 个文件：文本文件 f1.txt，以及 Word 文件 f2.docx 和 f3.docx。

（3）打开 f2.docx 文件，先将"文件资源管理器"窗口（非最大化）抓图，粘贴到 f2.docx 文件中，再保存和关闭 f2.docx 文件。

（4）将屏幕上的所有窗口最小化后，对当前桌面进行全屏幕抓图，先将此图粘贴到 f3.docx 文件中，再保存和关闭 f3.docx 文件。

（5）把 second 文件夹中的 f1.txt 文件和 f2.docx 文件复制到 third 文件夹中。

（6）把 third 文件夹中的 f1.txt 文件重命名为"blank.htm"，把 f2.docx 文件重命名为"资源管理器.docx"

（7）将 third 文件夹中的"资源管理器.docx"文件移动到 first 文件夹中。

（8）为 first 文件夹中的"资源管理器.docx"文件发送桌面快捷方式。

（9）删除 second 文件夹中的 f1.txt 文件和 f3.docx 文件。

（10）把 f3.docx 文件还原。

模块 3 文档处理软件 Word 2016

Word 2016 是 Microsoft Office 2016 软件包中的一个重要组件。它在用户界面、文档管理、图形处理、艺术字处理、表格处理等方面功能强大，智能化程度高，适用于多种文档的编辑和排版，如文章、日志、书稿、简历、公文、信件等，是一款功能强大的办公软件。

任务 1 创建 Word 文档

在人们日常的学习和生活中，任何文字性的东西都可以使用 Word 2016 来制作。人们在工作中经常会被要求撰写工作日志，一方面可以记录工作进展，另一方面可以更快速地进行工作交接。当人们使用一个新工具时，第一步就是熟悉它的工作界面，掌握它的基本操作，下面通过本任务来熟悉 Word 2016 的基本操作。

技术分析

◇ 新建、保存、重命名 Word 文档
◇ 输入文本

任务实现

新建 Word 文档

1. 新建 Word 文档

（1）单击"开始"按钮，打开"开始"菜单。

（2）选择"Microsoft Office 2016"→"Word 2016"命令，启动 Word 2016，如图 3-1 所示。

（3）选择"空白文档"选项（见图 3-2），即可新建一个名为"文档 1"的空白文档。

2. 保存并重命名 Word 文档

（1）在 Word 文档窗口中，选择"文件"→"另存为"命令，在右侧的"另存为"窗格中选择"浏览"选项，如图 3-3 所示。

（2）在弹出的"另存为"对话框中，选择保存路径，本任务选择保存在桌面上。

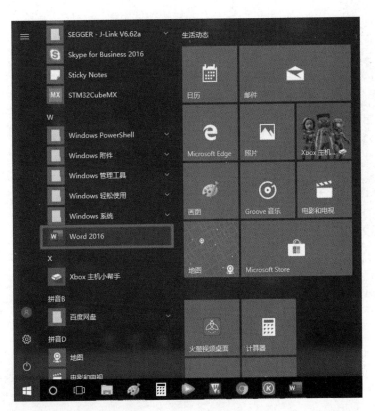

图 3-1　启动 Word 2016

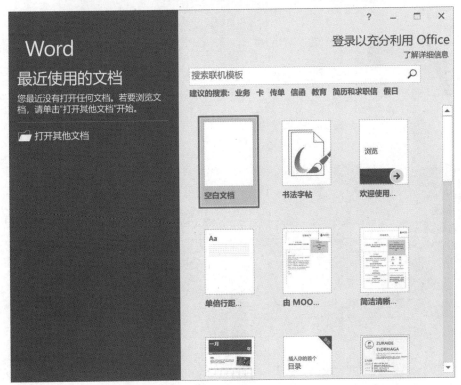

图 3-2　新建空白文档

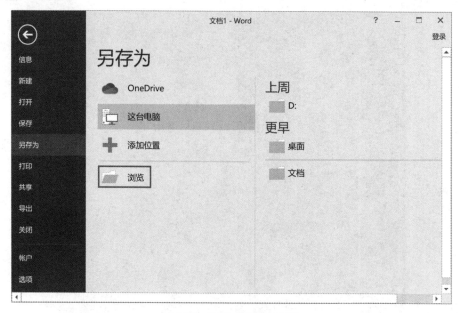

图 3-3　选择"浏览"选项

（3）在"文件名"文本框中输入"工作日志"，选择默认的保存类型，单击"保存"按钮，即可完成 Word 文档的保存并重命名，如图 3-4 所示。

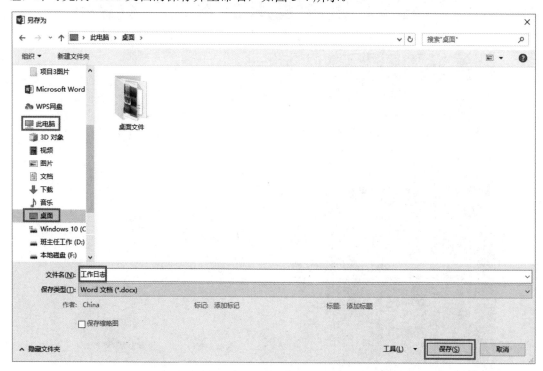

图 3-4　保存并重命名 Word 文档

3．输入"工作日志"文档的内容

完成"工作日志"文档内容的输入并对其进行保存。文本输入的实现效果如图 3-5 所示。

工作日志

一、工作内容

08:30—12:00　继续对公司网路结果探测，已经延伸至 2 楼。

12:50—15:20　接到来电，得知 Jenifer 等人的计算机无法使用邮件，探查故障。

15:30—17:30　修改 2 楼已探测房间的网路图，包括物理的和逻辑的。

二、解决方法

故障检测步骤：

尝试下载邮件，得"can not connect to server"的回应。

输入 ipconfig/all。发现这台主机竟然使用同一台 IP 地址为 192.168.23.48 的 DHCP Server 分配下来的 IP 地址：192.168.23.101，而它目前并没有获得 DNS 的设定。

输入 ipconfig release 后接 ipconfig renew，IP 地址并没有改变。

经检查发现是 CIH 的机器启动了 DHCP 服务。关闭 DHCP。

回到 Jenifer 的机器，重新执行 ipconfig release 命令和 ipconfig renew 命令就成功抓回了 192.168.16.x 的 IP 地址，且 DNS 也被指定为了正确的 211.72.41.76，邮件收发恢复正常。

三、工作结果

2 楼除 206、209、211 室因人员外出办公外，网路均已被探测并已修改好公司网路图。

Jenifer 等人的计算机故障已被排除。

四、建议

在同一时间内，分别收到 3 楼和惠珍的故障报告，经检测发现都是同一网络 DHCP 的原因引起的。

经此事件后，我觉得 R/D 和 I/A 部门的网路，至少在物理连接上面应该分开。我们可以在 Gateway 上面多添加一张网路卡，并用独立的 Switch/Hub 来连接 R/D、I/A 部门的网路。这样在安全性方面，或在网路的稳定性方面，都会有所保证。

提前与部门人员联系，避免出现办公室无人的情况。明天继续完成 2 楼网路的探测。

日志撰写人：钱进

图 3-5　文本输入的实现效果

任务 2　编辑美化文档

任务描述

　　Word 2016 的主要功能是对文本进行编辑、排版等。本任务对任务 1 建立的"工作日志"文档进行编辑，通过移动文字调整不合理的顺序；通过设置字符格式和段落格式使文档排版更美观，阅读更方便。

技术分析

　　◇　插入日期和时间

　　◇　插入特殊符号

　　◇　插入、改写、移动文字

◇ 查找与替换文字
◇ 合并段落
◇ 使用"拼写和语法"命令
◇ 删除与恢复文字
◇ 设置字符格式和段落格式
◇ 为文档加密并将其保存

任务实现

插入日期和时间

1. 插入日期和时间

将光标置于文档第 2 行中，选择"插入"→"文本"→"日期和时间"命令，打开"日期和时间"对话框，如图 3-6 所示。在"语言（国家/地区）"下拉列表中选择应用的语言，本任务选择"中文（中国）"选项；在"可用格式"列表框中选择合适的使用格式，本任务选择第 3 种格式。

图 3-6 "日期和时间"对话框

✔**应用技巧**：要使日期和时间能够自动更新，需要勾选"自动更新"复选框，日期和时间将作为域插入；要使插入的原始日期和时间保持为静态文本，需取消勾选"自动更新"复选框。若勾选"使用全角字符"复选框，则插入的日期和时间将以全角形式显示。

2. 插入特殊符号

（1）将光标置于要插入特殊符号的位置，如文字"尝试下载邮件"前。

（2）在"插入"选项卡的"符号"组中，单击"符号"下拉按钮，在弹出的下拉菜单中选择"其他符号"命令，如图 3-7 所示。

插入特殊符号并设置自动保存时间

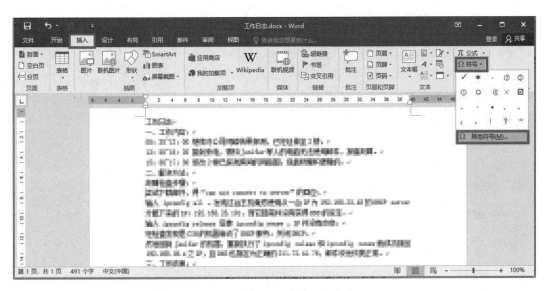

图 3-7　选择"其他符号"命令

（3）在弹出的"符号"对话框的"符号"选项卡的"字体"下拉列表中选择一个合适的字体集，本任务选择默认的"（普通文本）"字体集，如图 3-8 所示。

图 3-8　"符号"对话框

（4）先选择要插入的符号，如①，再单击"插入"按钮，或直接双击要插入的符号，即可完成插入。

（5）使用同样的方法在指定位置插入相应的特殊符号。为了文档编辑方便，可以在最后完成特殊符号的插入。

3. 设置自动保存时间

说明： 自动保存就是每隔一定时间为用户自动保存一次文档，这是一个非常有用的功能。用户有时可能向文档中输入了很多内容或做了很多修改而没有保存，如果此时突然断电或计算机突然死机，那么所有工作都将付诸东流。有了自动保存后，因这种意外而造成的损失就可以减少到最小。

（1）选择"文件"→"选项"命令。

（2）在打开的"Word 选项"对话框中选择"保存"选项，在"保存自动恢复信息时间间隔"数值框中输入合适的数值，如图 3-9 所示。

图 3-9 "Word 选项"对话框

（3）单击"确定"按钮完成设置。

4. 插入和改写文字

在文字"同一网路"的"一"后插入文字"物理"；在文字"经检查发现是"所在行上方增加一行，内容为"修正步骤："。

插入和改写文字、移动文字

（1）确定当前处于"插入"模式。

（2）将光标置于文字"同一网路"的"一"后，输入文字"物理"，"一"后的原有文字会随插入的文字向右移动。

🔊 **说明**：Word 文档提供两种编辑模式：即"插入"模式和"改写"模式。默认情况下，Word 文档在输入文本时处于"插入"模式。"改写"模式与"插入"模式的切换可以通过按 Insert 键实现，也可以通过单击窗口的状态栏中的"改写"按钮实现。

（3）将光标置于文字"经检查发现是"前，按 Enter 键产生空行，在空行中输入文字"修正步骤："。

5．移动文字

将文字"Jenifer 等人的计算机故障已被排除。"与上一行中的文字互换。

（1）选择需要移动的文字"Jenifer 等人的计算机故障已被排除。"。

（2）选择"开始"→"剪贴板"→"剪切"命令或按组合键 Ctrl+X。

（3）将光标置于文字"2 楼除"的前方。

（4）选择"开始"→"剪贴板"→"粘贴"命令或按组合键 Ctrl+V。

查找与替换文字、合并段落、使用"拼写和语法"命令、删除与恢复文字

6．查找与替换文字

把文中的所有文字"机器"替换为文字"计算机"。

（1）选择"开始"→"编辑"→"替换"命令，或直接按组合键 Ctrl+H，打开"查找和替换"对话框，如图 3-10 所示。

（2）在"替换"选项卡的"查找内容"文本框中输入要查找的文字"机器"。

（3）在"替换为"文本框中输入要替换为的文字"计算机"。

（4）单击"查找下一处"按钮开始查找，找到目标后反白显示。

（5）如果确定要替换，那么应单击"替换"按钮，否则单击"查找下一处"按钮继续查找。反复进行第（4）、（5）两步可以边查找边替换。如果确定要全部替换，那么应单击"全部替换"按钮。

图 3-10　"查找和替换"对话框

✅ **应用技巧**：使用"查找和替换"对话框中的"更多"按钮可以设置要查找、替换或删除文字的格式。例如，要再次将全文中已替换为的文字"计算机"的格式改为"加粗""红色""下画线"，操作方法如下。

① 单击"替换"按钮，在"查找内容"文本框中输入"机器"。

② 在"替换为"文本框中输入"计算机"，并单击"更多"按钮，单击"替换"选项卡左下方的"格式"下拉按钮，在弹出的下拉列表中选择"字体"选项，如图 3-11 所示。在弹出的"查找字体"对话框中将字符格式设置为"加粗""红色""下画线"，单击"全部替换"按钮即可。

图 3-11　替换文字的同时设置字符格式

7. 合并段落

将文字"四、建议"下方的第 1 段和第 2 段合并为一段。

将光标置于文字"四、建议"下方的第 1 段的段落标记前，按 Delete 键删除其段落标记。

8. 使用"拼写和语法"命令

（1）将光标置于文档的开头。

（2）选择"审阅"→"校对"→"拼写和语法"命令，或直接按 F7 键，在右侧打开的"语法"窗格中，会自动添加有疑问的英文，如图 3-12 所示。

（3）如果确认需要修改，那么应在错误提示框中直接修改，或选择建议修改成的单词，单击"更改"按钮；如果无须修改，那么应单击"忽略"按钮继续检查。

图 3-12　"语法"窗格

9. 删除与恢复文字

先将最后一段文字删除，再将其恢复。

（1）选择最后一段文字，按 Delete 键，删除文字。

（2）要撤销误操作，可以单击快速访问工具栏中的"撤销"按钮，或按组合键 Ctrl+Z。恢复刚才删除的文字。

> ✅ **应用技巧**：还可以一次撤销多次操作。单击"撤销"按钮右侧的下拉按钮，会弹出一个下拉列表，这个下拉列表中列出了用户目前能撤销的所有操作，可以从中选择多个操作来撤销。但不允许任意选择一个以前的操作来撤销，而只能连续撤销多个操作。

10. 设置字符格式

（1）选择标题"工作日志"，在"开始"选项卡中，单击"字体"组右下方的按钮（见图 3-13），打开"字体"对话框。在"字体"选项卡的"中文字体"下拉列表中选择"华文行楷"选项，在"西文字体"下拉列表中选择"Arial"选项，在"字号"列表框中选择"二号"选项，在"字形"列表框中选择"加粗"选项，如图 3-14 所示。

设置字符格式

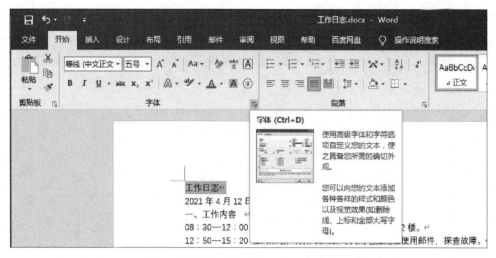

图 3-13　单击"字体"组右下方的按钮

图 3-14① "字体"对话框

———————————

① 图 3-14 中的"下划线"应为"下画线",后文同。

☑**应用技巧**：设置字符格式的其他方法：选择要设置格式的文字后，在选择区域右上方会出现一个格式快捷工具栏，使用该工具栏可以简单地设置字符格式。

🔊**说明**：在设置字符格式前，必须先选择文字。Word 2016 中有两种不同的字号表示方式，一种用中文表示，如"一号""五号"等，它的衡量单位为"号"，中文字号越小文字越大，如"三号"字比"五号"字大；另一种用数字表示，如"10""18"等，它的衡量单位为"磅"，它正好与中文字号相反，数字越大文字越大。

（2）在打开的"字体"对话框的"高级"选项卡的"字符间距"选项组的"间距"下拉列表中选择"加宽"选项，并在对应的"磅值"数值框中输入"10 磅"，单击"确定"按钮，如图 3-15 所示。

图 3-15　设置字符间距

（3）选择文字"一、工作内容"，设置字体为"黑体"、字号为"四号"。

（4）保持选择上述文字，在"开始"选项卡的"剪贴板"组中，双击"格式刷"按钮，鼠标指针变成刷子形状。

（5）按住鼠标左键的同时选择目标文字"二、解决方法"，即可完成相同格式的设置。使用同样的方法设置文字"三、工作结果""四、建议"的格式。使用"格式刷"按钮进行格式设置，如图 3-16 所示。

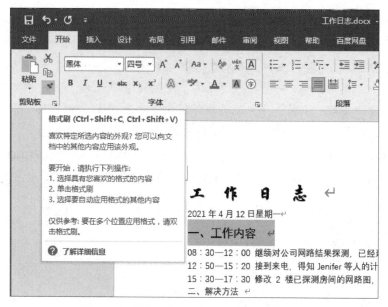

图 3-16　使用"格式刷"按钮进行格式设置

✅ **应用技巧**："格式刷"按钮是一种快速复制格式的按钮。当需要将某个格式应用于多处文本时，应先选择设置好格式的源文本，再双击"格式刷"按钮，选择需要设置相同格式的文本进行格式的刷取。在对多处文本应用格式后，单击"格式刷"按钮或按Esc键即可。使用"格式刷"按钮不仅可以直接复制字符格式，而且可以复制整个段落的所有格式。

（6）选择文档中的其他内容，在"字体"组中设置字体为"宋体"、字号为"五号"。

11．设置段落格式

（1）设置标题所在段落居中。选择标题"工作日志"，选择"开始"→"段落"→"居中"命令。

设置段落格式1

（2）设置日期所在段落居中并设置段落间距。选择日期，单击"段落"组右下方的按钮，打开"段落"对话框。在"缩进和间距"选项卡的"常规"选项组中选择"对齐方式"下拉列表中的"居中"选项，在"间距"选项组的"段后"数值框中输入"1行"，并选择"行距"下拉列表中的"1.5倍行距"选项，如图3-17所示。

✅ **应用技巧**：也可以选择文字并右击，在弹出的快捷菜单中选择"段落"命令，进行设置。

（3）设置段落边框。选择标题所在段落，单击"开始"选项卡的"段落"组中的"下框线"下拉按钮，在弹出的下拉菜单中选择"边框和底纹"命令，打开"边框和底纹"对话框，在"边框"选项卡的"设置"选项组中选择"自定义"选项，在"样式"列表框中选择"双实线"选项，在"颜色"下拉列表中选择"自动"选项，在"宽度"下拉列表中选择"0.5磅"选项，在"预览"区域仅单击"下框线"按钮，在"应用于"下拉列表中选择"段落"选项，如图3-18所示。

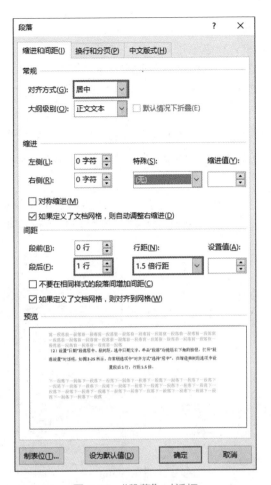

图 3-17　"段落"对话框

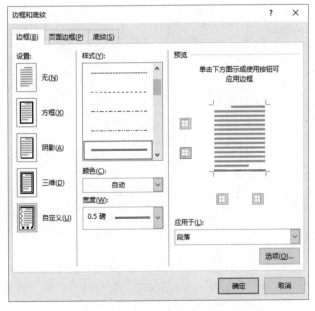

图 3-18　"边框和底纹"对话框

（4）选择"正文"部分文字并右击，在弹出的快捷菜单中选择"段落"命令，打开"段落"对话框，在"缩进和间距"选项卡的"常规"选项组的"对齐方式"下拉列表中选择"两端对齐"选项，在"缩进"选项组的"左侧"数值框中输入"2字符"，在"行距"下拉列表中选择"固定值"选项，并在"设置值"数值框中输入"18磅"，如图3-19所示。

设置段落格式2

> ☑️ **应用技巧**：勾选"视图"选项卡的"显示"组中的"标尺"复选框，在窗口显示水平标尺。使用水平标尺可以快速、直观地设置段落缩进。左缩进用于控制段落左边界；右缩进用于控制段落右边界。

（5）选择文字"一、工作内容""二、解决方法""三、工作结果""四、建议"，在"行距"下拉列表中选择"多倍行距"选项，并在"设置值"数值框中输入"2.5"，如图3-20所示。

图3-19　设置"正文"部分文字的段落格式　　　　图3-20　设置行距

（6）选择落款"日志撰写人：钱进"并右击，在弹出的快捷菜单中选择"段落"命令，打开如图3-21所示的"段落"对话框，在"常规"选项组的"对齐方式"下拉列表中选择"右对齐"选项，在"间距"选项组的"段前"数值框中输入"2行"。完成效果如图3-22所示。

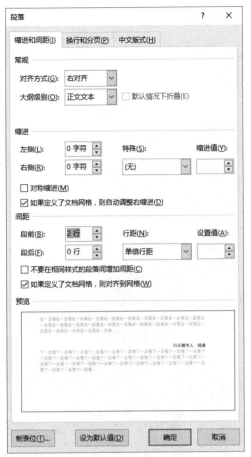

图 3-21　设置落款的段落格式

工 作 日 志

2021年4月12月星期一

一、工作内容

08:30—12:00　继续对公司网路结果探测，已经延伸至2楼。

12:50—15:20　接到来电，得知Jenifer等人的计算机无法使用邮件，探查故障。

15:30—17:30　修改2楼已探测房间的网路图，包括物理的和逻辑的。

二、解决方法

故障检测步骤：

①尝试下载邮件，得"can not connect to server"的回应。

②输入ipconfig/all，发现这台主机竟然使用同一台IP地址为192.168.23.48的DHCP Server 分配下来的IP地址：192.168.23.101，而它目前并没有获得DNS的设定。

③输入ipconfig release后接ipconfig renew，IP地址并没有改变。

修正步骤：

①经检查发现是CIH的计算机启动了DHCP服务。关闭DHCP。

②回到Jenifer的计算机，重新执行ipconfig release命令和ipconfig renew命令就成功抓回了 192.168.16.x的IP地址，且DNS也被指定为了正确的211.72.41.76，邮件收发恢复正常。

三、工作结果

（1）Jenifer等人的计算机故障已被排除。

（2）2楼除206、209、211室因人员外出办公外，网路均已被探测并已修改好公司网路图。

四、建议

（1）在同一时间内，分别收到3楼和惠珍的故障报告，经检测发现都是同一网络DHCP的原因引起的。经此事件后，我觉得R/D和I/A部门的网络，至少在物理连接上面应该分开。我们可以在Gateway上面多添加一张网路卡，并用独立的Switch/Hub来连接R/D、I/A部门的网路。这样在安全性方面，或在网络的稳定性方面，都会有所保证。

（2）提前与部门人员联系，避免出现办公室无人的情况。明天继续完成2楼网络的探测。

日志撰写人：钱进

图 3-22　完成效果

（7）单击"保存"按钮保存文件。

12. 为文档加密，并将其另存为"工作日志 1"，保存到桌面上

（1）选择"文件"→"信息"命令，在弹出的"信息"窗格中选择"保护文档"→"用密码进行加密"选项，如图 3-23 所示。

为文档加密

（2）在弹出的"加密文档"对话框中输入密码，单击"确定"按钮，如图 3-24 所示。在弹出的"确认密码"对话框中，再次输入一遍密码，单击"确定"按钮，完成为文档加密的设置。

（3）选择"文件"→"另存为"命令，在右侧的"另存为"窗格中选择"浏览"选项，打开"另存为"对话框。

（4）选择保存位置为"Desktop"，在"文件名"文本框中输入"工作日志 1"，单击"保存"按钮即可保存成功。

> ✅ **应用技巧**：设置打开与修改权限密码还有其他方法。选择"文件"→"另存为"命令，在右侧的"另存为"窗格中选择"浏览"选项，弹出"另存为"对话框，单击"工具"下拉按钮，在弹出的下拉列表中选择"常规选项"选项，在弹出的对话框中设置打开与修改权限时的密码。

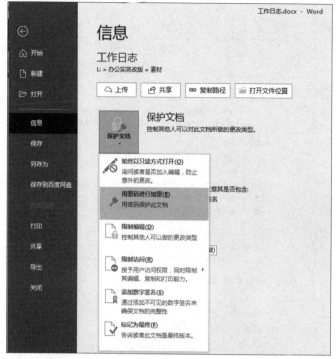

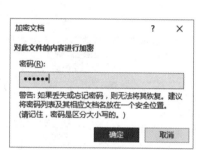

图 3-23 选择"用密码进行加密"选项   图 3-24 "加密文档"对话框

知识拓展

1. 文件格式的转换

Word 2016 默认保存文件的格式为 DOCX，低版本的 Word 如果没有安装插件那么无法打开。在 Word 2016 中可以将 DOCX 格式的文件转换成 DOC 格式的文件，使文件在 Word 2003 中能被打开，方法如下。

选择"文件"→"另存为"命令，在右侧的"另存为"窗格中选择"浏览"选项，在弹出的"另存为"对话框的"保存类型"下拉列表中选择"Word97-2003 文档（*.doc）"选项即可。

使用同样的方法，可以将 DOC 格式的文件转换成 PDF 格式的文件、HTML 格式的文件、纯文本格式的文件等。

2. 段落缩进的设置

段落缩进指段落各行相对于页面边界的距离。段落缩进包括首行缩进和整段缩进两种形式。

1）首行缩进

首行缩进指将段落的第 1 行中的文字缩进，类似于在书写时缩进 2 个字符的效果。

2）段落缩进

可以在"缩进和间距"选项卡的"缩进"选项组中的"左侧"数值框和"右侧"数值框中，进行整个段落与文档左边界和右边界间距的设置。

3．行距与段落间距的设置

1）行距

行距指段落中各行的间距。

2）段落间距

通过"间距"选项组中的"段前"数值框和"段后"数值框，可以设置段落间距。设置段落缩进和段落间距，如图 3-25 所示。

图 3-25　设置段落缩进和段落间距

 能力拓展

创建 Word 文档制作会议通知。会议通知效果如图 3-26 所示。

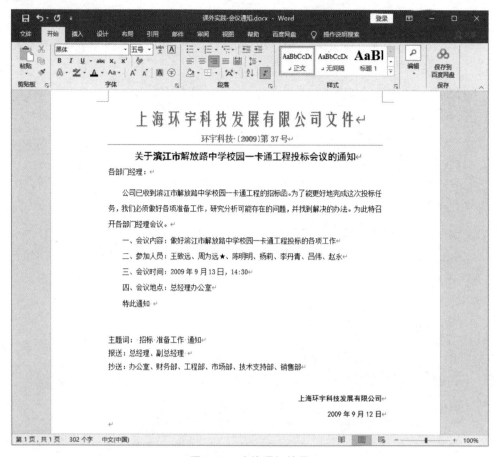

图 3-26　会议通知效果

其要求如下。

（1）将文字"二、参加人员……赵永"与文字"四、会议地点：总经理办公室"互换位置，并保持序号顺序。

（2）将倒数第 3 行中从"办公室"开始的文字移至下一段，并在文字"办公室"前插入文字"抄送："。

（3）在文字"周为远"后插入特殊符号★。

（4）在全文查找文字"滨江市路"，并将其替换为文字"滨江市"，设置字符格式为"蓝色""小四号""加粗"。

（5）设置标题"上海环宇科技发展有限公司文件"的格式为"方正姚体""小一号""红色""居中"。

（6）设置文字"环宇科技〔2009〕第 37 号"的格式为"新宋体""小四""加粗""红色""居中"。

（7）给文字"环宇科技〔2009〕第 37 号"所在段落添加下框线，下框线为红色、单实线、1 磅宽度。

（8）设置文字"关于滨江市解放路中学校园一卡通工程投标会议的通知"的格式为"黑体""四号""黑色""居中"。

（9）设置"正文"部分字符格式为"宋体""五号"。

（10）设置文字"各部门经理："所在段落的"对齐方式"为"两端对齐"，"段后"为"12 磅"。

（11）设置文字"公司已收到……特此通知"所在段落的格式为首行缩进 2 个字符、1.5 倍行距。

（12）设置文字"主题词……通知"所在段落的"段前"为"30 磅"。

（13）设置文字"主题词……销售部"所在段落的"行距"为"最小值"，"设置值"为"20 磅"。

（14）设置落款"上海环宇……12 日"的格式为"黑体""五号"。

（15）设置落款"上海环宇科技发展有限公司"的"对齐方式"为"右对齐"，"段前"为"2 行"。

（16）设置落款"2009 年 9 月 12 日"的"对齐方式"为"右对齐"，"段前"为"0.5 行"。

任务 3　制作与修饰表格

任务描述

表格是一种对数据信息简明扼要的表现方式，因结构严谨、效果直观而被广泛应用。Word 2016 对表格的处理方便且快捷，可以快速生成表格，并随意修改表格，对单元格内容进行输入、编辑。通过学习本任务中个人简历表格的制作，学生应熟悉在 Word 2016 中插入表格和对表格进行编辑的基本操作。

技术分析

✧　插入表格并输入与编辑表格中的内容
✧　添加空白行和空白列
✧　设置行高
✧　设置外侧框线、内部框线与下框线
✧　合并与拆分单元格
✧　修改文字方向
✧　添加底纹

任务实现

1. 插入表格并输入与编辑表格中的内容

插入表格并输入与
编辑表格中的内容

（1）新建空白文档，并保存。

单击"开始"按钮，在打开的"开始"菜单中选择"Microsoft Office 2016"→"Word 2016"

命令，启动 Word 2016，选择"空白文档"选项，即可新建一个空白文档，以文件名为"个人简历"保存该文档。

（2）输入表格标题。

在文档的第 1 行空白处输入表格标题"个人简历"，按 Enter 键换行。

选择表格标题，在右上方出现的格式快捷工具栏中设置标题格式，如图 3-27 所示。设置标题格式为"黑体""二号""加粗""居中"。

图 3-27　设置标题格式

（3）创建空白表格。

① 将光标置于第 2 行空白处。

② 单击"插入"选项卡的"表格"组中的"表格"下拉按钮，在弹出的下拉菜单中选择"插入表格"命令（见图 3-28），打开"插入表格"对话框，如图 3-29 所示。

图 3-28　选择"插入表格"命令

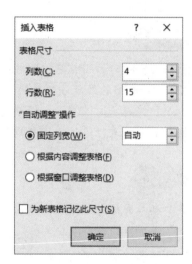

图 3-29　"插入表格"对话框

③ 分别在"列数"数值框和"行数"数值框中输入数值，即所创建表格的行数和列数（15 行 4 列）。

④ 单击"确定"按钮，即在光标处生成一个空白表格。

 知识拓展

1. 表格的插入

下面介绍几种在 Word 2016 中插入表格的方法。

1）方法 1：定位光标

单击"插入"选项卡的"表格"组中的"表格"下拉按钮，当鼠标指针在弹出的下拉菜单中的方格上移动时，会显示当前表格的行数和列数，如图 3-30 所示。等移动出满足要求的行数和列数后，单击，即在光标处插入了相应行数和列数的表格。

2）方法 2：手动绘制

（1）单击"插入"选项卡的"表格"组中的"表格"下拉按钮，在弹出的下拉菜单中选择"绘制表格"命令，鼠标指针变成铅笔形状，进入绘制表格状态。

（2）在需要插入表格的位置按住鼠标左键并向右下拖动，在适当位置松开鼠标左键，即可绘制出一个表格外边框，如图 3-31 所示。

图 3-30　创建表格

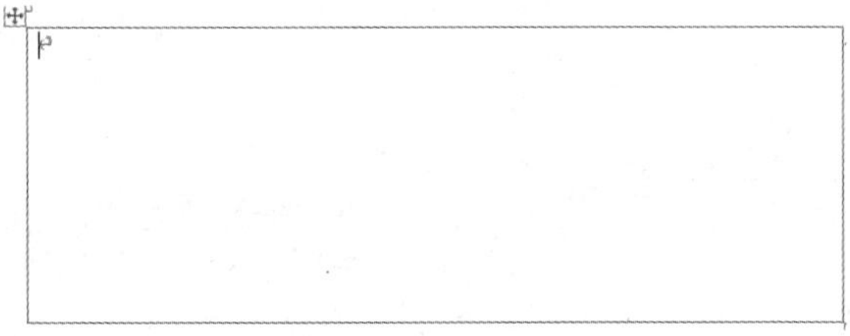

图 3-31　绘制表格外边框

（3）将鼠标指针移动到上边框处，按住鼠标左键并向下拖动，在适当位置松开鼠标左键，即可绘制出一条表格内部竖线，如图 3-32 所示。

图 3-32　绘制表格内部竖线

（4）将鼠标指针移动到左边框处，按住鼠标左键并向右拖动，在适当位置松开鼠标左键，即可绘制出一条表格内部横线，如图 3-33 所示。

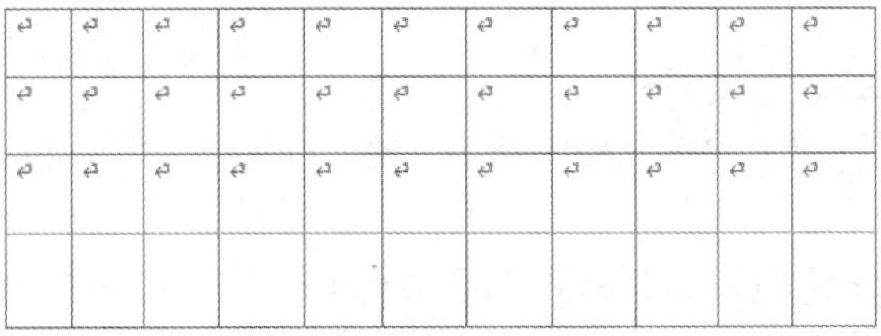

图 3-33　绘制表格内部横线

（5）要清除不需要的框线，选择"表格工具/布局"→"绘图"→"橡皮擦"命令，单击需要删除的框线即可。

3）方法3：文字转表格

例：有下列数据，用空格隔开，请把下列数据转换成表格形式。

单位	A级考试人数	B级考试人数	总计
第一部门	53	24	77
第二部门	60	35	95
第三部门	34	22	56

（1）选择要建立表格的数据。

（2）单击"插入"选项卡的"表格"组中的"表格"下拉按钮，在弹出的下拉菜单中选择"文本转换成表格"命令，弹出"将文字转换成表格"对话框，如图3-34所示。如果选择正确那么会自动计算所需的行数和列数，用户可以根据需要进行进一步的设置。

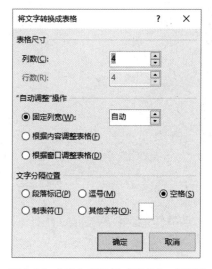

图3-34 "将文字转换成表格"对话框

2．光标的定位

在单元格中输入内容时，必须先把光标置于该单元格中。在表格中进行各单元格之间的切换有两种方式。

方法1：利用键盘上的"↑""↓""←""→"4个键实现各单元格之间的切换。

方法2：按Tab键也可以实现单元格之间的切换，顺序为从光标所在单元格开始，每按一次Tab键，光标移至同一行的下一个单元格中。

（4）输入与编辑表格中的内容。

① 在表格的第1行第1列单元格中单击，使光标置于该单元格中，在该单元格中输入"个人信息"。

② 按键盘上的"→"键，将光标置于第1行第2个单元格中，继续输入内容。

③ 重复步骤②，直到所有内容输入完毕。

④　全选表格中的文字，在"开始"选项卡的"字体"组中，设置字符格式。将全部文字设置为"仿宋""五号"，将表格第 1 列中的文字设置为"楷体""小四号""加粗"。

设置字符格式

⑤　单击表格左上角的 <img> 图标全选表格，选择"表格工具/布局"→"对齐方式"→"水平居中"命令（见图 3-35），让单元格中的文字在水平方向和垂直方向上同时居中，完成效果如图 3-36 所示。

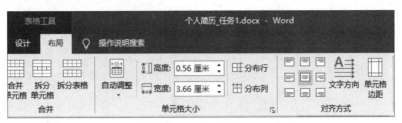

图 3-35　"表格工具/布局"选项卡

个人简历

个人信息	姓名	性别	出生年月
	籍贯	民族	政治面貌
	健康状况	培养方式	学历
	毕业院校		
	求职意向		
联系方式	通信地址		
	电话	E-mail	
个人能力	所学专业		
	英语能力		
	计算机能力		
	专业能力		
	主干课程		
实践经验			
获奖情况			
自我评价			

图 3-36　完成效果

（5）保存更改。

2．编辑表格

（1）添加空白列。

添加空白列和空白行

分别在"姓名"所在列、"性别"所在列、"出生年月"所在列右侧添加空白列。

①　选择列。将鼠标指针移动到"性别"所在列上方，当鼠标指针变成向下箭头时单击，即选择该列。

②　选择"表格工具/布局"→"行和列"→"在左侧插入"命令，即在所选列左侧添加一个空白列（空白列用于填写相关信息）。

③　重复步骤①和步骤②，在"出生年月"所在列左侧添加一个空白列。

④　再次选择"出生年月"所在列，连续两次选择"表格工具/布局"→"行和列"→"在右侧插入"命令，即在所选列右侧添加两个空白列。添加空白列的效果如图 3-37 所示。

✅ **应用技巧**：若要一次添加多个空白列，则可以先选择连续的多列，再选择相应的命令进行插入。

个人简历

个人信息	姓名		性别		出生年月		
	籍贯		民族		政治面貌		
	健康状况		培养方式		学历		
	毕业院校						
	求职意向						
联系方式	通信地址						
	电话		E-mail				
个人能力	所学专业						
	英语能力						
	计算机能力						
	专业能力						
	主干课程						
实践经验							
获奖情况							
自我评价							

图 3-37　添加空白列的效果

（2）添加空白行。

在"主干课程"所在行下方添加两个空白行。

① 选择行。将鼠标指针移动到"主干课程"所在行左侧，当鼠标指针变成向右上箭头时单击，即可选择该行。

② 连续两次选择"表格工具/布局"→"行和列"→"在下方插入"命令，即在所选行下方添加两个空白行。添加空白行的效果如图 3-38 所示。

个人简历

个人信息	姓名		性别		出生年月		
	籍贯		民族		政治面貌		
	健康状况		培养方式		学历		
	毕业院校						
	求职意向						
联系方式	通信地址						
	电话		E-mail				
个人能力	所学专业						
	英语能力						
	计算机能力						
	专业能力						
	主干课程						
实践经验							
获奖情况							
自我评价							

图 3-38　添加空白行的效果

✅**应用技巧**：也可以将光标置于该行右侧，按 Enter 键，即可在该行下方插入空白行。

（3）设置行高。

分别设置"实践经验"所在行、"获奖情况"所在行和"自我评价"所在行的行高为 6 厘米、4 厘米和 3 厘米。

设置行高

① 选择"实践经验"所在行。

② 在"表格工具/布局"选项卡的"单元格大小"组的"高度"数值框中输入"6 厘米"，如图 3-39 所示。按 Enter 键确认设置，即完成"实践经验"所在行行高的设置。

图 3-39　设置"实践经验"所在行的行高

③ 继续设置"获奖情况"所在行的行高为 4 厘米，"自我评价"所在行的行高为 3 厘米。最终效果如图 3-40 所示。

图 3-40　最终效果

> 说明：在"宽度"数值框中输入数值可以设置列宽。

（4）保存更改。

知识拓展

1．表格对象的选择

（1）选择单元格。

单击要选择的单元格的左下方，即可选择该单元格。

（2）选择多行或多列。

① 选择连续的多行、多列或多个单元格。

选择连续行、列或单元格中的第1行、第1列或第1个单元格，按住 Shift 键的同时选择连续行、列或单元格中的最后1行、最后1列或最后1个单元格即可。

② 选择不连续的多行、多列或多个单元格。

按住 Ctrl 键的同时点选需要选择的行、列或单元格即可。

2．表格行、列、单元格的添加与删除及表格的删除

（1）添加行、列、单元格。

将光标置于某个单元格中，在"表格工具/布局"选项卡中单击"行和列"组右下方的按钮，打开"插入单元格"对话框，如图 3-41 所示。用户根据需要选择一种插入方式即可。

使用这种方式既可以插入一个单元格，又可以插入一整行或一整列单元格。

（2）删除行、列、单元格。

方法 1：选择"表格工具/布局"→"行和列"→"删除"命令，弹出"删除"下拉菜单，如图 3-42 所示。选择"删除行"命令、"删除列"命令或"删除单元格"命令，即可删除行、列或单元格。

方法 2：选择要删除的行、列或单元格并右击，在弹出的快捷菜单中选择"删除行"命令（见图 3-43）、"删除列"命令或"删除单元格"命令，即可删除行、列或单元格。

图 3-41 "插入单元格"对话框

图 3-42 "删除"下拉菜单

图 3-43 选择"删除行"命令

（3）删除表格。

方法 1：将光标置于任意一个单元格中，选择"表格工具/布局"→"行和列"→"删除"→"删除表格"命令即可删除表格。

方法 2：选择表格并右击，在弹出的快捷菜单中选择"删除表格"命令即可删除表格。

3．表格中行高和列宽的调整

在创建表格时，表格的行高和列宽往往采用默认值，可以对其进行设置。要对表格的行高和列宽进行设置，除了可以使用以上方法，用户还可以根据不同的需要使用以下方法。

（1）方法 1：粗略调整。

插入表格后，将鼠标指针移动到表格内部框线上，按住鼠标左键，会出现虚线，拖动鼠标即可粗略调整表格的行高和列宽。

（2）方法 2：自动调整。

将光标置于表格的任意一个单元格中，选择"表格工具/布局"→"单元格大小"→"自动调整"命令，弹出如图 3-44 所示的"自动调整"下拉菜单。用户可以根据需要进行选择。

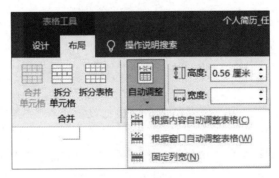

图 3-44　"自动调整"下拉菜单

（3）方法 3：平均分布行或列。

选择要平均分布行或列的连续数行或数列，选择"表格工具/布局"→"单元格大小"→"分布行"命令或"分布列"命令，即可平均分布所选择的行或列。

----

3. 格式化表格

（1）设置外侧框线。

① 单击 图标全选表格。

设置外侧框线

② 在"表格工具/设计"选项卡的"边框"组（见图 3-45）中，单击"笔样式"下拉按钮，在弹出的"笔样式"下拉菜单中选择第 10 种样式（上粗下细线）；单击"笔画粗细"下拉按钮，在弹出的"笔画粗细"下拉菜单中选择"1.5 磅"命令；笔颜色使用默认的黑色。

③ 单击"边框"下拉按钮，在弹出的"边框"下拉菜单中选择"外侧框线"命令。这样就把步骤②中设置的格式添加到了外侧框线上。设置外侧框线的效果如图 3-46 所示。

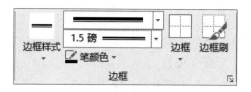

图 3-45 "边框"组

个人简历

个人信息	姓名	←	性别	←	出生年月	←	←
←	籍贯	←	民族	←	政治面貌	←	←
←	健康状况	←	培养方式	←	学历	←	←
←	毕业院校	←	←	←	←	←	←
←	求职意向	←	←	←	←	←	←
联系方式	通信地址	←	←	←	←	←	←
←	电话	←	E-mail	←	←	←	←

图 3-46 设置外侧框线的效果

（2）设置内部框线。

① 在"笔样式"下拉菜单中选择第 2 种样式（单实线）；在"笔画粗细"下拉菜单中选择"1.0 磅"命令；笔颜色使用默认的黑色。

② 在"边框"下拉菜单中选择"内部框线"命令，保存设置。

（3）设置下框线。

分别将表格中第 5、7、14、15、16 行的下框线设置成双实线。

① 选择"求职意向"所在行。

② 在"笔样式"下拉菜单中选择第 8 种样式（双实线）；在"笔画粗细"下拉菜单中选择"0.5 磅"命令；笔颜色使用默认的黑色。

③ 在"边框"下拉菜单中选择"下框线"命令。

④ 分别选择表格中的第 7、14、15、16 行进行上述操作。这样就把表格中 6 个部分的内容用双实线隔开了，表格中的内容看起来更清晰。

（4）合并单元格。

① 选择需要合并的单元格，如图 3-47 所示。

个人信息	姓名
←	籍贯
←	健康状况
←	毕业院校
←	求职意向
联系方式	通信地址
←	电话

合并与拆分单元格

图 3-47 选择需要合并的单元格

② 选择"表格工具/布局"→"合并"→"合并单元格"命令，合并单元格。

③ 同样，将表格中其他需要合并的单元格进行单元格合并。合并单元格的效果如图 3-48 所示。

（5）拆分单元格。

① 选择"主干课程"所在单元格右侧要拆分的单元格区域。

② 选择"表格工具/布局"→"合并"→"拆分单元格"命令，弹出如图 3-49 所示的"拆分单元格"对话框，在"列数"数值框中输入"3"，勾选"拆分前合并单元格"复选框，单击"确定"按钮，完成设置。

图 3-48　合并单元格的效果　　　图 3-49　"拆分单元格"对话框

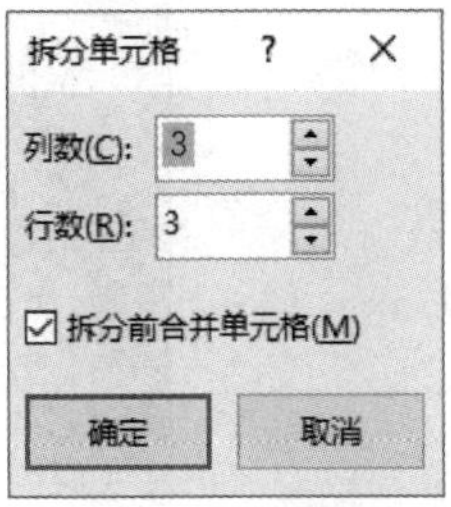

✔ **应用技巧**：拆分单元格还有以下方法。

➢ 选择要拆分的单元格。

➢ 右击，在弹出的快捷菜单中选择"拆分单元格"命令，即可打开"拆分单元格"对话框，在该对话框中进行行数和列数的设置即可。

一般应先设置好表格的内部框线和外侧框线，再进行单元格的合并及拆分。

（6）修改文字方向。

将表格第 1 列单元格中的文字方向设置为纵向。

按住 Ctrl 键的同时选择文字"个人信息""联系方式""个人能力""实践经验""获奖情况""自我评价"，选择"表格工具/布局"→"对齐方式"→"文字方向"命令，使之变成 样式，文字从横向改成了纵向。

修改文字方向、添加底纹

（7）添加底纹。

为表格第 1 列单元格添加底纹。

选择表格第 1 列单元格，在"表格工具/设计"选项卡的"表格样式"组中单击"底纹"下拉按钮，在弹出的"底纹"下拉菜单中选择"白色，背景 1，深色 50%"命令。添加底纹的效果如图 3-50 所示。

个人简历

个人信息	姓名		性别		出生年月		
	籍贯		民族		政治面貌		
	健康状况		培养方式		学历		
	毕业院校						
	求职意向						
联系方式	通信地址						
	电话		E-mail				
个人能力	所学专业						
	英语能力						
	计算机能力						
	专业能力						
	主干课程						
实践经验							
获奖情况							
自我评价							

图 3-50 添加底纹的效果

（8）保存更改。至此，一个专业且个性的个人简历就制作完成了。

（9）选择"文件"→"打印"命令，即可打印制作完成的个人简历。

知识拓展

1. 表格边框和底纹的设置

要设置表格边框和底纹，首先要把光标置于表格的任意一个单元格中，然后使用下面的方法。

（1）方法 1：在"表格工具/设计"选项卡的"表格样式"组和"边框"组中进行设置。

（2）方法 2：在"边框和底纹"对话框中进行设置。

① 选择表格，打开"边框和底纹"对话框，如图 3-51 所示。

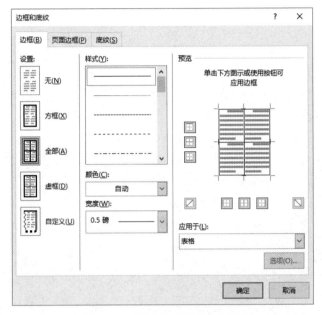

图 3-51　"边框和底纹"对话框

② 在"边框"选项卡的"样式"列表框中选择线型，在"颜色"下拉列表中选择颜色，在"宽度"下拉列表中选择框线的磅值，在"预览"区域选择要设置线型的边框，可以在"预览"区域查看设置后的效果。

③ 在"底纹"选项卡的"填充"下拉列表中选择颜色，在"图案"选项组的"样式"下拉列表中选择要填充图案的样式，在"颜色"下拉列表中选择要填充图案的颜色，可以在"预览"区域查看设置后的效果。"底纹"选项卡如图 3-52 所示。

说明：

➤ 先在"预览"区域单击要设置线型的边框对应的按钮，再设置样式、颜色、宽度等。

➤ "应用于"下拉列表中的选项用于确定格式设置的对象是表格，还是单元格，抑或是表格中的内容等。

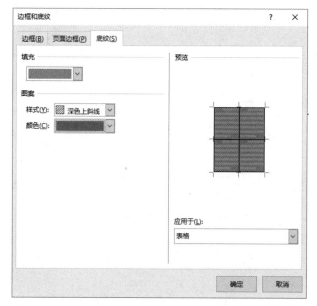

图 3-52　"底纹"选项卡

2．表格样式的套用

Word 2016 内置了一些设计好的表格样式，包括表格的框线、底纹等。在 Word 2016 中可以快速套用这些设计好的表格样式。

套用表格样式的方法如下。

（1）单击"表格工具/设计"选项卡的"表格样式"组右下方的 ▼ 按钮，打开"表格样式"下拉菜单，如图 3-53 所示。移动滚动条可以查看所有样式，用户可以根据需要从中选择一种样式进行套用。

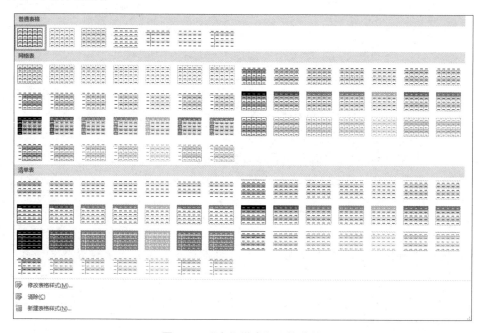

图 3-53　"表格样式"下拉菜单

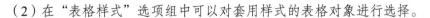

（2）在"表格样式"选项组中可以对套用样式的表格对象进行选择。

🔊说明：

① 要套用表格样式，就要将光标置于表格中，或置于表格行后的段落标记前，或选择某几个单元格，无论使用哪种方法，都将对整个表格起作用。

② 选择一种样式后，可以通过选择"修改表格样式"命令对该样式进行自定义设置；也可以先采用此样式后再对其边框和底纹进行修改；还可以通过选择"新建表格样式"命令定义新样式。

3．斜线表头的绘制

有时为了更清楚地指明表格中的内容，需要绘制斜线表头将表格中的内容按类别分开。例如，要制作如图 3-54 所示的表格，表头的斜线可以按如下步骤进行绘制。

成绩报告单↵

成绩＼科目	第一学期		第二学期		班级	↵
	期中↵	期末↵	期中↵	期末↵		
大学英语	↵	↵	↵	↵	姓名	↵
高等数学	↵	↵	↵	↵		

图 3-54 成绩报告单最终效果

（1）插入一个 4 行 7 列的表格，进行文字输入，合并单元格，完成效果如图 3-55 所示。

成绩报告单↵

↵	第一学期		第二学期		班级	↵
	期中↵	期末↵	期中↵	期末↵		
大学英语	↵	↵	↵	↵	姓名	↵
高等数学	↵	↵	↵	↵		

图 3-55 完成效果

（2）选择第一个单元格，即要插入斜线的单元格。

（3）在"表格工具/设计"选项卡的"边框"组中单击"边框"下拉按钮。

（4）在弹出的"边框"下拉菜单中，选择"斜下框线"命令，如图 3-56 所示。

（5）此时，可以看到已给单元格添加了斜线。在单元格中先输入"成绩"，按 Enter 键，再输入"科目"，即可完成斜线表头的绘制。

4．表格中的简单计算

下面以图 3-57 为例，介绍表格中的常用公式。要求计算出每个学生的总分、平均分，并按总分从高到低的顺序排列。

1）定义名称

单元格名称：表格中的行用数字 1、2、3……标注；列用大写字母 A、B、C……标注。例如，学生高挺所在单元格名称为 A2。

单元格区域名称：A1:H1 表示表格第 1 行单元格区域名称。用冒号把单元格区域中的第 1 个和最后 1 个单元格名称连接起来即表示连续的单元格区域名称。

期末成绩表

科目 姓名	计算机基础	大学语文	高等数学	公共英语	思政	平均分	总分
高挺	98	68	78	71	67		
陈诚	73	81	65	64	72		
张明	90	66	74	80	78		
黄磊	71	77	55	76	63		
郑雪东	65	65	69	83	69		
钟勇	85	62	80	67	60		
吕老成	69	75	79	81	71		
夏志刚	92	80	88	75	77		
谭水	90	73	91	82	85		
江龙	77	90	68	74	81		
罗成义	60	56	77	70	76		
吴林	88	79	68	73	70		
陈成靖	96	77	89	78	56		

图 3-56 "边框"下拉菜单   图 3-57 期末成绩表

2）求平均分

求学生高挺的平均分。

（1）将光标置于结果所在单元格中，即 G2 单元格。

（2）选择"表格工具/布局"→"数据"→"公式"命令，打开"公式"对话框，如图 3-58 所示。

图 3-58 "公式"对话框

（3）删除"公式"文本框中的默认函数"SUM(LEFT)"，务必保留符号"="。在"粘贴函数"下拉列表中选择用于求平均分的函数"AVERAGE"，在函数名后的括号中输入参数"LEFT"（大小写均可，意为求当前单元格左侧分数的平均分），如图 3-59 所示。当然，也可以使用 B2:F2 作为参数，表示具体的求平均分的单元格区域。

图 3-59 输入用于求平均分的函数

（4）单击"确定"按钮完成计算。

（5）在求学生陈诚的平均分时，复制 G2 单元格中的数据到 G3 单元格中，右击 G3 单元格中的数据，在弹出的快捷菜单中选择"更新域"命令，即可完成学生陈诚平均分的计算，如图 3-60 所示。

期末成绩表

姓名＼科目	计算机基础	大学语文	高等数学	公共英语	思政	平均
高挺	98	68	78	71	67	76
陈诚	73	81	65	64	72	76
张明	90	66	74	80	78	
黄磊	71	77	55	76	63	
郑雪东	65	65	69	83	69	
钟勇	85	62	80	67	60	
吕老成	69	75	79	81	71	
夏志刚	92	80	88	75	77	
谭水	90	73	91	82	85	
江龙	77	90	68	74	81	
罗成义	60	56	77	70	76	
吴林	88	79	68	73	70	
陈成靖	96	77	89	78	56	

图 3-60 选择"更新域"命令

（6）按照步骤（5）可以完成剩余学生平均分的计算。

📣 **说明**：在输入公式时，必须处于英文输入法状态下。

3）求和

求学生高挺的总分。

（1）将光标置于结果所在单元格中，即 H2 单元格。

（2）在打开的"公式"对话框的"公式"文本框中输入"SUM(B2:F2)"，如图 3-61 所示。SUM 为用于求和的函数，B2:F2 表示求和的单元格区域，即各门课程期末成绩所在单元格区域。

图 3-61　输入用于求总分的函数

（3）要求其他学生的总分，重复步骤（1）和（2）即可。也可以使用填充公式的方法，在其他学生的总分所在单元格中复制学生高挺的总分，不通过"更新域"命令改变求和的单元格区域，而通过"编辑域"命令修改当前学生成绩所在单元格区域。

说明：因为平均分所在单元格不在求和的数值范围内，所以不能使用参数 LEFT。

4）排序

对"总分"所在列按成绩从大到小（降序）排列。

（1）选择表格或要排序的列（H 列）。注意，把表头即文字"总分"所在单元格选进去。

（2）选择"表格工具/布局"→"数据"→"排序"命令，打开如图 3-62 所示的"排序"对话框，在"主要关键字"下拉列表中选择排序字段，并在对应的最右侧选中"降序"单选按钮。

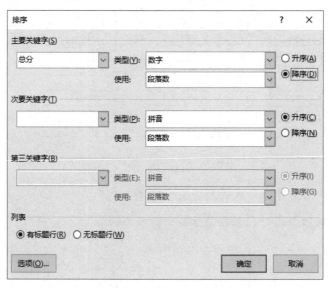

图 3-62　"排序"对话框

（3）单击"确定"按钮即可完成排序。

提示：用户可以根据需要，继续设置排序的次要关键字和第三关键字。

 能力拓展

根据所学知识完成问卷调查表的制作。制作效果如图 3-63 所示。

问卷调查表

尊敬的学员：

　　欢迎您到图书馆参观学习。为了把图书馆建设得更好，真诚地希望您在百忙之中提出宝贵意见和建议。

1. 图书馆每天 8：00—22：30 开馆，您觉得合理吗？			
□合理	□不合理	□其他_____	
2. 您对馆内的服务设施、学习环境满意吗？			
□满意	□不满意	□其他_____	
3. 您来图书馆主要办理哪些业务？（可多选）			
□电话/E-mail 答疑	□借书	□多媒体点播	□试用数据库 □软件下载
□馆内资源联机查询	□电子资源查询	□打印/复印	□放松休息
□看书/看报	□打游戏/聊天	□网上办公	□其他_____
4. 对于图书馆的下列资源，您在使用当中哪项比较方便？（可多选）			
□联机查询（网上查找图书等资源）	□中文期刊库	□国家法规库	
□中文电子图书	□多媒体点播	□万方硕博论文	
□英文电子图书	□中国财经报刊数据库	□全国期刊联合目录	
□Emerald 管理学期刊	□国研网	□中国金融	
□中经要报			
5. 您对图书馆的哪类报纸和杂志满意？（可多选）			
□专业类期刊 □休闲类期刊	□外文期刊 □中文报纸	□外文报纸 □其他_____	
6. 您对图书馆的哪类图书满意？（可多选）			
□外文图书 □专业类图书	□休闲类图书 □其他_____		
7. 您对图书馆值班人员的哪项服务满意？（可多选）			
□热情服务 □业务办理 □仪表举止	□工作认真 □解答问题	□专业知识 □其他_____	
8. 对于图书馆目前的资源和服务，您有哪些意见和建议？			

非常感谢您的参与，谢谢！

图 3-63　制作效果

任务 4　文档图文混排

任 务 描 述

　　在 Word 文档中，除了可以输入文字，还可以插入图片、艺术字、文本框等对象，这被称为图文混排，可以使 Word 文档更加多姿多彩。通过学习本任务，学生应掌握文档图文混排的基本方法。

技 术 分 析

　　◇　文档页面布局
　　◇　文本排版
　　◇　插入艺术字
　　◇　插入图形及图片

任务实现

1. 文档页面布局

文档页面布局

（1）打开文档。

双击"环境宣传海报文字素材.docx"文件，打开文档，并将其另存为"环境宣传海报.docx"。

（2）进行页面设置。

① 单击"布局"选项卡的"页面设置"组右下方的按钮，打开"页面设置"对话框。

② 在"页边距"选项卡的"纸张方向"选项组中选择"横向"选项。

③ 在"纸张"选项卡的"纸张大小"下拉列表中选择"自定义大小"选项，在"宽度"数值框中输入"29.7 厘米"，在"高度"数值框中输入"42 厘米"，在"应用于"下拉列表中选择"整篇文档"选项，如图 3-64 所示。

④ 单击"确定"按钮，若弹出提示对话框，请单击"忽略"按钮，完成设置。

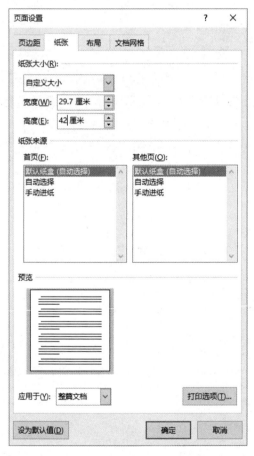

图 3-64 "页面设置"对话框的"纸张"选项卡

添加页眉和页脚

（3）添加页眉和页脚。

① 在"插入"选项卡的"页眉和页脚"组中单击"页眉"下拉按钮，在弹出的下拉菜单中选择"空白（三栏）"命令，进入页眉和页脚的编辑状态，如图 3-65 所示。

图 3-65　页眉和页脚的编辑状态

②　单击左侧的"在此处键入",输入"文学社宣";单击中间的"在此处键入",进行删除;单击右侧的"在此处键入",输入"主编　李玲",页眉文字均设置为"宋体""五号""加粗"。

③　选择"页眉和页脚工具/设计"→"导航"→"转至页脚"命令,此时光标置于页脚处等待编辑。在"页眉和页脚工具/设计"选项卡的"页眉和页脚"组中,单击"页脚"下拉按钮,在弹出的下拉菜单中选择"空白(三栏)"命令。

④　单击左侧的"在此处键入",在"页眉和页脚工具/设计"选项卡的"页眉和页脚"组中,单击"页码"下拉按钮,在弹出的下拉菜单中选择"当前位置"→"加粗显示的数字"命令。

⑤　单击中间的"在此处键入",进行删除。

⑥　单击右侧的"在此处键入",选择"页眉和页脚工具/设计"→"插入"→"日期和时间"命令,打开如图 3-66 所示的"日期和时间"对话框,在"语言(国家/地区)"下拉列表中选择"英语(美国)"选项,在"可用格式"列表框中选择第 5 种格式,单击"确定"按钮,完成日期的插入。

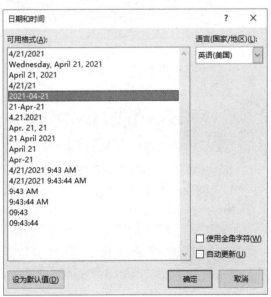

图 3-66　"日期和时间"对话框

⑦　页脚文字均设置为"Times New Roman""五号""加粗"。

⑧ 选择"页眉和页脚工具/设计"→"关闭"→"关闭页眉和页脚"命令。至此，完成页眉和页脚的添加。

（4）保存文档。

2. 文本排版

（1）设置字符格式。

① 将"十大环境祸患威胁人类"部分的 10 个小标题，以及"生活中的可回收资源主要有："顺手做到的二十件环保小事："环保纪念日："设置为"楷体""12 号""加粗"。

② 将其余文字的"中文字体"设置为"宋体"，"西文字体"设置为"Times New Roman"，"字号"设置为"10"，"颜色"设置为"黑色"。

（2）设置首行缩进和行距。

① 将"十大环境祸患威胁人类"部分和"臭氧层小知识"部分除大标题外的所有文字段落均设置为两端对齐，首行缩进 2 字符，且行距为固定值 10 磅。

② 将"环保小常识"部分除大标题外的所有文字段落均设置为两端对齐，且行距为固定值 10 磅。

（3）为段落分栏。

分栏排版指在页面中按垂直方向对齐，逐栏排列文字，文字在填满一栏后转到下一栏排列。分栏排版有多种形式，可以排成两栏、三栏等，用户可以根据自己的实际需要进行设置。

① 选择"十大环境祸患威胁人类"部分除大标题外的所有文字。

② 选择"布局"→"页面设置"→"分栏"→"三栏"命令，为段落分栏，如图 3-67所示。

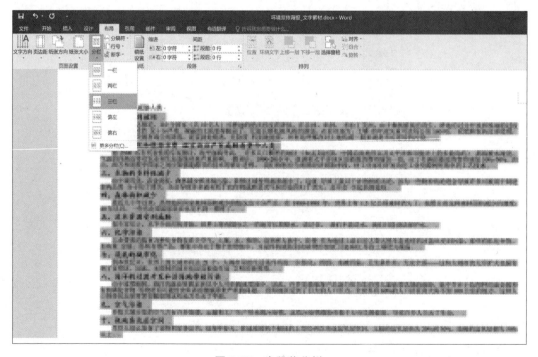

图 3-67　为段落分栏

提示：上述段落分栏默认栏与栏之间的距离相等。若想产生不相等栏间距的分栏效果，则可以选择"更多分栏"命令，打开如图 3-68 所示的"栏"对话框，在"宽度和间距"选项组中进行设置；如果想栏与栏之间有分隔线，那么可以勾选"分隔线"复选框。

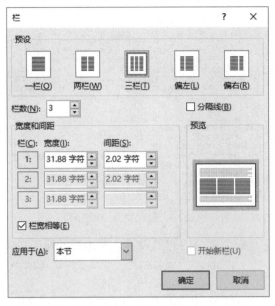

图 3-68　"栏"对话框

③ 选择"臭氧层小知识"部分除大标题外的所有文字，重复步骤②，将其分成三栏显示。

插入文本框

（4）插入文本框。

说明：由于"十大环境祸患威胁人类"部分和"臭氧层小知识"部分的内容是一个整体，并且篇幅较长，因此采用分栏形式排版。由于"环保小常识"部分的内容在收集材料时由 3 个小部分的内容组成，并希望凸显各小部分的信息，因此采用文本框形式排版。

① 将光标置于"环保小常识"部分的内容中。

② 选择"插入"→"文本"→"文本框"命令，在提供的文本框样式中根据需要选择即可，这里选择了"简单文本框"样式，即在光标处插入了一个如图 3-69 所示的横排文本框。

图 3-69　插入文本框

说明：

➢ 横排：文本框中的文字水平从左向右排列。

➢ 竖排：文本框中的文字垂直从上向下排列。

③ 剪切"生活中的可回收资源主要有："部分的文字，单击新建立的文本框，通过粘贴把文字添加到文本框中。

④ 选择文本框的边框，通过"绘图工具/格式"选项卡的"大小"组，设置文本框的宽度和高度，保证宽度和上方的栏宽相同（31.88 字符/12.1 厘米），高度能显示完整文字，并把文本框拖动到适当位置。插入文本框的效果如图 3-70 所示。

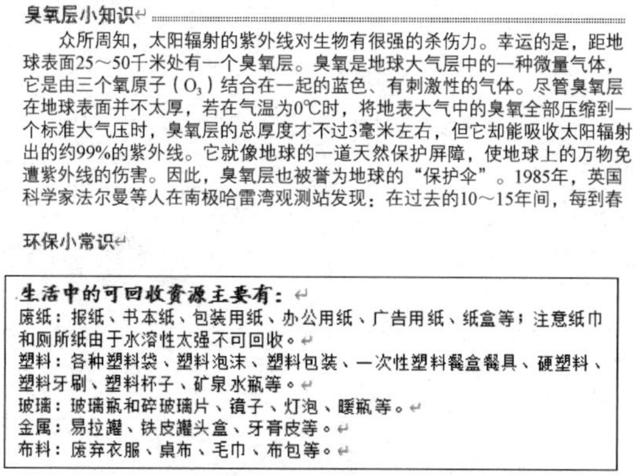

臭氧层小知识

众所周知，太阳辐射的紫外线对生物有很强的杀伤力。幸运的是，距地球表面25～50千米处有一个臭氧层。臭氧是地球大气层中的一种微量气体，它是由三个氧原子（O_3）结合在一起的蓝色、有刺激性的气体。尽管臭氧层在地球表面并不太厚，若在气温为0℃时，将地表大气中的臭氧全部压缩到一个标准大气压时，臭氧层的总厚度才不过3毫米左右，但它却能吸收太阳辐射出的约99%的紫外线。它就像地球的一道天然保护屏障，使地球上的万物免遭紫外线的伤害。因此，臭氧层也被誉为地球的"保护伞"。1985年，英国科学家法尔曼等人在南极哈雷湾观测站发现：在过去的10～15年间，每到春

环保小常识

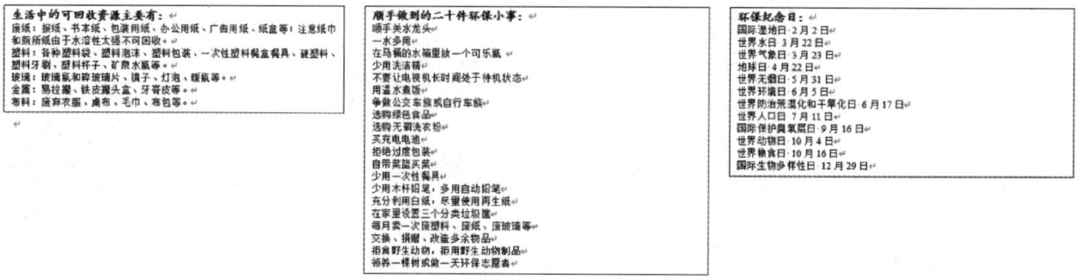

生活中的可回收资源主要有：
废纸：报纸、书本纸、包装用纸、办公用纸、广告用纸、纸盒等；注意纸巾和厕所纸由于水溶性太强不可回收。
塑料：各种塑料袋、塑料泡沫、塑料包装、一次性塑料餐盒餐具、硬塑料、塑料牙刷、塑料杯子、矿泉水瓶等。
玻璃：玻璃瓶和碎玻璃片、镜子、灯泡、暖瓶等。
金属：易拉罐、铁皮罐头盒、牙膏皮等。
布料：废弃衣服、桌布、毛巾、布包等。

图 3-70　插入文本框的效果

⑤ 重复步骤④，完成剩余部分内容的设置。文本框的排版效果如图 3-71 所示。

图 3-71　文本框的排版效果

⑥ 选择 3 个文本框，分别选择"布局"→"排列"→"对齐"→"顶端对齐"命令和"布局"→"排列"→"对齐"→"横向分布"命令，使 3 个文本框顶端对齐且在水平方向上均匀分布。

⑦ 选择 3 个文本框，在"绘图工具/格式"选项卡的"形状样式"组中，单击"形状轮廓"下拉按钮，在弹出的下拉菜单中选择"无轮廓"命令，删除文本框的 4 条框线。

🔊 **说明：**

➤ 本任务中删除文本框的框线是整体效果需要。

➤ 对于文本框，除了可以更改框线颜色，还可以更改线型及粗细，类似于为表格设置框线。此外，还可以添加填充颜色。

➤ 在文本框中除了能添加文字，还能添加图片等。

（5）添加编号和项目符号。

① 选择"环保小常识"部分第一个文本框中除标题外的所有文字。

② 单击"开始"选项卡的"段落"组中的"编号"下拉按钮，在"编号库"中选择第 1 行第 3 种编号样式。

添加编号和项目符号、设置首字下沉

③ 选择第二个文本框中除标题外的所有文字，在"编号库"中选择第 1 行第 2 种编号样式。

> **说明**：如果需要添加没有的编号样式，那么应在"编号"下拉菜单中选择"定义新编号格式"命令，打开"定义新编号格式"对话框，如图 3-72 所示。在"编号样式"列表框中可以选择一种编号样式；单击"字体"按钮可以设置编号格式；在"对齐方式"下拉列表中可以选择编号的对齐方式等。

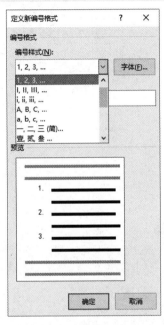

图 3-72　"定义新编号格式"对话框

④ 选择第三个文本框中除标题外的所有文字，单击"开始"选项卡的"段落"组中的"项目符号"下拉按钮，在"项目符号库"中选择第 3 种项目符号。添加编号和项目符号的效果如图 3-73 所示。

生活中的可回收资源主要有：
1)→废纸：报纸、书本纸、包装用纸、办公用纸、广告用纸、纸盒等；注意纸巾和厕所纸由于水溶性太强不可回收。
2)→塑料：各种塑料袋、塑料泡沫、塑料包装、一次性塑料餐盒餐具、硬塑料、塑料牙刷、塑料杯子、矿泉水瓶等。
3)→玻璃：玻璃瓶和碎玻璃片、镜子、灯泡、暖瓶等。
4)→金属：易拉罐、铁皮罐头盒、牙膏皮等。
5)→布料：废弃衣服、桌布、毛巾、布包等。

顺手做到的二十件环保小事：
1.→顺手关水龙头
2.→一水多用
3.→在马桶的水箱里放一个可乐瓶
4.→少用洗洁精
5.→不要让电视机长时间处于待机状态
6.→用温水煮饭
7.→争做公交车族或自行车族
8.→选购绿色食品
9.→选购无磷洗衣粉
10.→买充电电池
11.→拒绝过度包装
12.→自带菜篮买菜
13.→少用一次性餐具
14.→少用木杆铅笔，多用自动铅笔
15.→充分利用白纸，尽量使用再生纸
16.→在家里设置三个分类垃圾筒
17.→每月卖一次废塑料、废纸、废玻璃等
18.→交换、捐赠、改造多余物品
19.→拒食野生动物，拒用野生动物制品
20.→领养一棵树或做一天环保志愿者

环保纪念日：
● 国际湿地日：2 月 2 日
● 世界水日：3 月 22 日
● 世界气象日：3 月 23 日
● 地球日：4 月 22 日
● 世界无烟日：5 月 31 日
● 世界环境日：6 月 5 日
● 世界防治荒漠化和干旱化日：6 月 17 日
● 世界人口日：7 月 11 日
● 国际保护臭氧层日：9 月 16 日
● 世界动物日：10 月 4 日
● 世界粮食日：10 月 16 日
● 国际生物多样性日：12 月 29 日

图 3-73　添加编号和项目符号的效果

> **说明**：如果需要添加"项目符号库"中没有的项目符号样式，那么应在"项目符号"下拉菜单中选择"定义新项目符号"命令，打开"定义新项目符号"对话框，如图 3-74 所示。单击"符号"按钮，打开"符号"对话框，如图 3-75 所示。在"字体"下拉列表中可以选择符号库名称，在下面的列表框中可以选择一种符号作为项目符号。

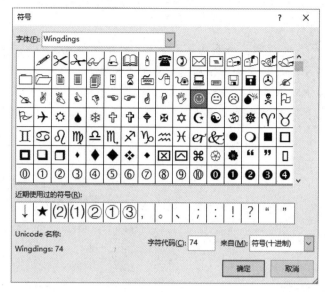

图 3-74 "定义新项目符号"对话框   图 3-75 "符号"对话框

（6）设置首字下沉。

① 将光标置于"十大环境祸患威胁人类"部分的第一段中，或选择段首文字"据"。

② 选择"插入"→"文本"→"首字下沉"→"首字下沉选项"命令，打开"首字下沉"对话框，如图 3-76 所示。

图 3-76 "首字下沉"对话框

③ 在"位置"选项组中选择"下沉"选项，在"下沉行数"数值框中输入"2"，其他设置保持默认值，单击"确定"按钮，完成设置。

提示：文本框中的文字不能设置分栏和首字下沉格式。

（7）保存更改。

文本排版的效果如图 3-77 所示。

图 3-77　文本排版的效果

3．插入艺术字

（1）将报头设置为艺术字。

① 将光标置于文字"十大环境祸患威胁人类"前，按 Enter 键，产生一个空白行，设置段落居中。

插入艺术字 1

② 在"插入"选项卡的"文本"组中单击"艺术字"下拉按钮，在弹出的下拉菜单中选择第 3 行第 1 列的样式，在光标处就出现了一个艺术字占位符，如图 3-78 所示。

图 3-78　出现的艺术字占位符

③ 直接输入文字"环境保护报"。

④ 设置艺术字样式。

➢ 单击艺术字占位符的框线（或选择艺术字），设置文字的字体为"华文隶书"，"字号"为"72"。

➢ 选择艺术字，在"绘图工具/格式"选项卡的"排列"组中，单击"位置"下拉按钮，在弹出的下拉菜单中选择"嵌入文本行中"→"嵌入文本行中"命令。

➢ 在"绘图工具/格式"选项卡的"艺术字样式"组中单击"文本填充"下拉按钮，在弹出的下拉菜单中重新选择文字填充颜色，如图 3-79 所示。本任务选择艺术字样式的默认颜色。

➢ 选择"渐变"命令，在弹出的下拉菜单中选择一种渐变样式，如图 3-80 所示。本任务选择"从中心"样式。

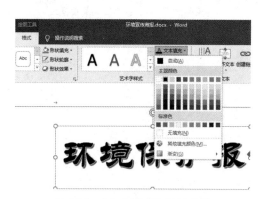

图 3-79 "文本填充"下拉菜单

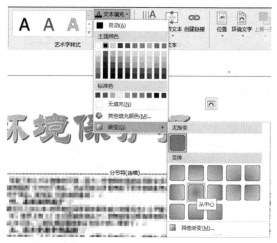

图 3-80 "渐变"下拉菜单

➢ 重新打开"渐变"下拉菜单，选择"其他渐变"命令，打开"设置形状格式"窗格，在"渐变光圈"选项组中，删除中间的一个停止点，设置停止点 1 的"颜色"为"黑色，文字 1，淡色 35%"，停止点 2 的"颜色"为"黑色，文字 1"，加强颜色渐变效果。调节渐变色如图 3-81 所示。

➢ 单击"文本轮廓"下拉按钮，在弹出的如图 3-82 所示的下拉菜单中可以重新选择艺术字的外部轮廓线的颜色，在"粗细"下拉菜单中可以更改轮廓线的磅值，在"虚线"下拉菜单中可以更改轮廓线的线型。本任务均采用默认设置，无须更改。

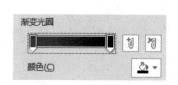

图 3-81 调节渐变色

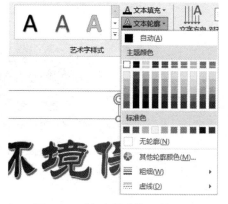

图 3-82 "文本轮廓"下拉菜单

➢ 单击"文本效果"下拉按钮，在弹出的如图 3-83 所示的下拉菜单中可以对艺术字添加阴影、映像、发光、三维旋转等效果，使艺术字更加美观。本任务在"文本效果"下拉菜单中选择"阴影"→"外部"→"向上偏移"命令，其他效果使用默认设置。

插入艺术字的最终效果如图 3-84 所示。

图 3-83　"文本效果"下拉菜单　　　　　　　图 3-84　插入艺术字的最终效果

　☑ **应用技巧**：在开始时选择何种艺术字样式均可，这是因为可以在"绘图工具/格式"选项卡的"艺术字样式"组中对艺术字样式进行更改。

（2）将刊号设置为艺术字。

因为本报被设定为宣传刊，所以刊号为"【宣传刊】"，使用上述方法设置其艺术字效果。

插入艺术字 2

① 选择标题，在"插入"选项卡的"文本"组中单击"艺术字"下拉按钮，在弹出的下拉菜单中选择第 1 行第 1 列的样式。

② 输入"【宣传刊】"。

③ 设置文字的"字体"为"楷体"，"字号"为"10"，"字符间距"为"紧缩""1.5 磅"。

④ 在"绘图工具/格式"选项卡的"艺术字样式"组中，单击"文本填充"下拉按钮，在弹出的下拉菜单中选择"主题颜色"为"黑色，文字 1"，且设置无渐变。

⑤ 单击"文本轮廓"下拉按钮，在弹出的下拉菜单中选择"无轮廓"命令。

⑥ 单击"文字方向"下拉按钮，在弹出的下拉菜单中选择"垂直"命令。

⑦ 将刊号拖动到标题艺术字右下方的位置，效果如图 3-85 所示。

图 3-85　将刊号设置为艺术字的效果

（3）将文字"十大环境祸患威胁人类"设置为艺术字。

① 按组合键 Ctrl+X 剪切原来的标题，将光标置于中间位置，在"插入"选项卡的"文本"组中单击"艺术字"下拉按钮，在弹出的下拉菜单中选择第 1 行第 3 列的样式。

② 按组合键 Ctrl+V 粘贴文字，并设置文字的"字体"为"黑体"，"字号"为"20"，且"加粗""倾斜"。

③ 在"绘图工具/格式"选项卡的"艺术字样式"组中，单击"文本填充"下拉按钮，在弹出的下拉菜单中选择"主题颜色"为"黑色，文字 1"，且设置无渐变。

④ 单击"文本效果"下拉按钮，在弹出的下拉菜单中选择"映像"→"映像变体"→"紧密映像，接触"命令，并选择"映像"→"映像选项"命令，把"透明度"设置为"80%"。

⑤ 在"排列"组中，单击"位置"下拉按钮，在弹出的下拉菜单中选择"嵌入文本行中"→"嵌入文本行中"命令。将文字"十大环境祸患威胁人类"设置为艺术字的效果如图 3-86 所示。

十大环境祸患威胁人类

图 3-86　将文字"十大环境祸患威胁人类"设置为艺术字的效果

插入艺术字 3

（4）将文字"臭氧层小知识"设置为艺术字。

① 选择标题，选择"艺术字"下拉菜单中第 3 行第 1 列的样式。

② 设置文字的"字体"为"黑体"，"字号"为"16"，且"加粗"，"字符间距"为"紧缩""2 磅"。

③ 在"绘图工具/格式"选项卡的"艺术字样式"组中，单击"文本填充"下拉按钮，在弹出的下拉菜单中选择"主题颜色"为"黑色，文字 1"。

④ 单击"文字方向"下拉按钮，在弹出的下拉菜单中选择"垂直"命令，调整艺术字大小，将艺术字高度和段落高度调整为一致。

⑤ 在"排列"组中，单击"位置"下拉按钮，在弹出的下拉菜单中选择"文字环绕"→"中间居左，四周型文字环绕"命令。

⑥ 把艺术字拖动到"正文"部分文字左侧，并调整艺术字的位置，使其与栏高一致。将文字"臭氧层小知识"设置为艺术字的效果如图 3-87 所示。

众所周知，太阳
的是，距地球表面 25
中的一种微量气体，它
有刺激性的气体。尽管
时，将地表大气中的
的总厚度才不过 3 毫
紫外线。它就像地球
外线的伤害。因此，臭

图 3-87　将文字"臭氧层小知识"设置为艺术字的效果

🔊 **说明**：由于对前面的段落进行了格式设置（首行缩进，行距为 10 磅），因此若遇到在段落中插入艺术字不能完全显示的情况，则应选择艺术字，选择"开始"→"段落"→"左对齐"命令，在"行和段落间距"下拉菜单中选择"1.0"命令。

（5）将文字"环保小常识"设置为艺术字。

① 删除标题，选择"艺术字"下拉菜单中第 1 行第 1 列的样式。

② 输入文字"环保小常识"，设置文字的"字体"为"黑体"，"字号"为"20"，且"加粗"。

③ 在"绘图工具/格式"选项卡的"艺术字样式"组中，单击"文本填充"下拉按钮，在弹出的下拉菜单中选择"主题颜色"为"黑色，文字 1"。

④ 单击"文本轮廓"下拉按钮，在弹出的下拉菜单中选择"无轮廓"命令。

⑤ 单击"文本效果"下拉按钮，在弹出的下拉菜单中选择"阴影"→"透视"→"向上对角透视"命令。将文字"环保小常识"设置为艺术字的效果如图 3-88 所示。

环保小常识

生活中的可回收资源主要有：
1) → 废纸：报纸、书本纸、包装用纸、办公用纸、广告用纸、纸盒等；注意纸巾和厕所纸由于水溶性太强不可回收。
2) → 塑料：各种塑料袋、塑料泡沫、塑料包装、一次性塑料餐盒餐具、硬塑料、塑料牙刷、塑料杯子、矿泉水瓶等。
3) → 玻璃：玻璃瓶和碎玻璃片、镜子、灯泡、暖瓶等。
4) → 金属：易拉罐、铁皮罐头盒、牙膏皮等。
5) → 布料：废弃衣服、桌布、毛巾、布包等。

图 3-88　将文字"环保小常识"设置为艺术字的效果

（6）保存更改。

插入艺术字的效果如图 3-89 所示。

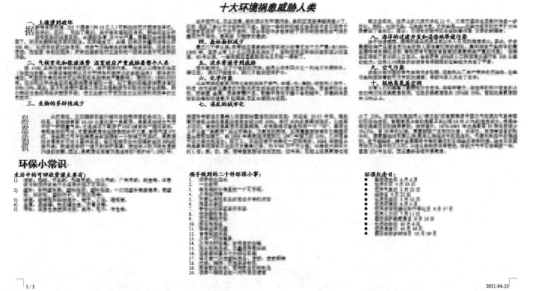

图 3-89　插入艺术字的效果

插入自选图形

4. 插入图形及图片

（1）插入自选图形，设置内容分隔线。

① 在"插入"选项卡的"插图"组中，单击"形状"下拉按钮，在弹出的下拉菜单中选择"线条"→"直线"命令，如图 3-90 所示。

② 拖动鼠标，当鼠标指针变成十字形状时，按住 Shift 键的同时按住鼠标左键并拖动，至出现一条与文档宽度相同的直线时松开鼠标左键。

③ 选择绘制的直线。

④ 在"绘图工具/格式"选项卡的"形状样式"组中，单击"形状轮廓"下拉按钮，在

弹出的下拉菜单中选择"主题颜色"为"黑色，文字 1"。

⑤ 单击"形状轮廓"下拉按钮，在弹出的下拉菜单中选择"粗细"→"6 磅"命令。

⑥ 单击"形状轮廓"下拉按钮，在弹出的下拉菜单中选择"虚线"→"其他线条"命令，打开"设置形状格式"窗格，在"线条"选项组的"复合类型"下拉列表中选择"由粗到细"选项，如图 3-91 所示。

图 3-90 "形状"下拉菜单

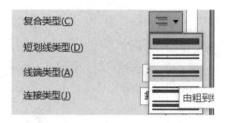

图 3-91① "复合类型"下拉列表

⑦ 将绘制的直线移动到文字"环境保护报"下方。

⑧ 复制绘制的直线至文档最下方，选择"复合类型"下拉列表中的"由细到粗"选项，并在"宽度"数值框中输入"4 磅"。

⑨ 使用相同的方法，在每两部分之间绘制直线，并在"颜色"下拉列表中选择"黑色，文字 1"，在"短画线类型"下拉列表中选择"圆点"选项，在"宽度"数值框中输入"2 磅"。这样就在每两部分之间添加了分隔线，提高了可读性。

（2）插入图片。

① 将光标置于文字"十大环境祸患威胁人类"所在行的任意位置。

② 选择"插入"→"插图"→"图片"命令，弹出"插入图片"对话框，如图 3-92 所示。选择"环境宣传海报图片"文件夹中的"地球.jpg"文件。

插入图片

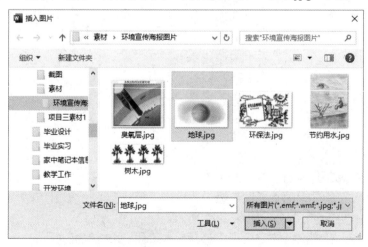

图 3-92 "插入图片"对话框

---

① 图 3-91 中的"短划线"应为"短画线"。

③ 选择图片，在"图片工具/格式"选项卡的"排列"组中，单击"位置"下拉按钮，在弹出的下拉菜单中选择"其他布局选项"命令，打开如图 3-93 所示的"布局"对话框，在"文字环绕"选项卡的"环绕方式"选项组中选择"衬于文字下方"选项，单击"确定"按钮，完成设置，使图片在文字下方显示。

图 3-93 "布局"对话框的"文字环绕"选项卡

④ 在图片被选择的状态下，单击"大小"组右下方的按钮，重新打开"布局"对话框，切换至"大小"选项卡，如图 3-94 所示。在"缩放"选项组中，勾选"锁定纵横比"复选框，在"高度"数值框中输入"150%"，把光标置于"宽度"数值框中，当看到其数值变为"150%"后，单击"确定"按钮，完成设置。

⑤ 调整图片到适当位置。

⑥ 在"环保小常识"部分的第一个文本框下方插入名为"节约用水.jpg"的图片文件。单击"排列"组的"位置"下拉按钮，在弹出的下拉菜单中选择"文字环绕"→"底端居左，四周型文字环绕"命令，在"大小"组的"高度"数值框中输入"3.94 厘米"，在"宽度"数值框中输入"10.51 厘米"。

⑦ 在"环保小常识"部分的第三个文本框上方插入名为"环保法.jpg"的图片文件。单击"排列"组的"位置"下拉按钮，在弹出的下拉菜单中选择"文字环绕"→"底端居右，四周型文字环绕"命令，在"大小"组的"高度"数值框中输入"3.1 厘米"，在"宽度"数值框中输入"11.67 厘米"，将图片拖动到文本框上方。

（3）保存更改。至此，环境宣传海报制作完成。实现效果如图 3-95 所示。

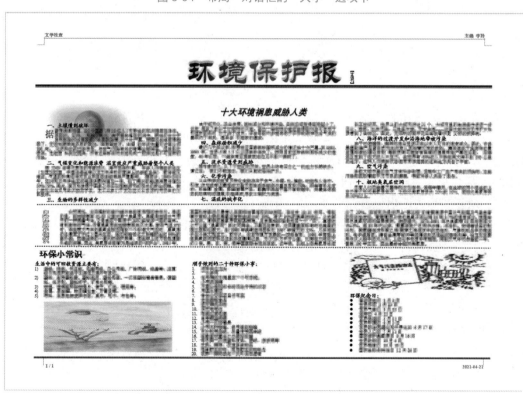

图 3-94 "布局"对话框的"大小"选项卡

图 3-95 实现效果

知识拓展

1. 联机图片的插入

（1）打开文档，将光标置于需要插入图片的位置，选择"插入"→"插图"→"联机图片"命令，打开"插入图片"对话框，如图 3-96 所示。

图 3-96　"插入图片"对话框

（2）在搜索框中输入要搜索图片的主题文字，进行联机搜索，在搜索结果列表中选择一个图片进行插入，如图 3-97 所示。

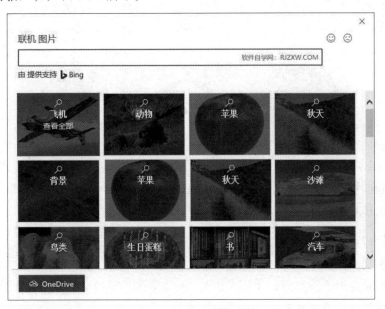

图 3-97　插入联机图片

2. 基本图形的绘制

在 Word 2016 中，可以使用"插入"选项卡的"插图"组中的"形状"下拉按钮，绘制多种基本图形，如直线、箭头、方框和椭圆等，具体操作方法如下。

（1）将光标置于要绘制基本图形的位置，在"插入"选项卡的"插图"组中，单击"形状"下拉按钮，在弹出的下拉菜单中选择"基本形状"→"笑脸"命令，如图 3-98 所示。

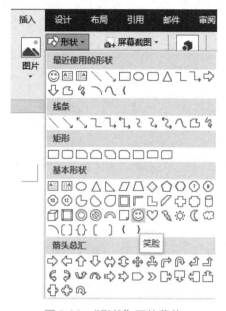

图 3-98 "形状"下拉菜单

（2）拖动鼠标，当鼠标指针变成十字形状时，按住鼠标左键并拖动，至适当位置后松开鼠标左键，此时会显示绘制的笑脸。同样，也可以绘制箭头、矩形和椭圆等形状。绘图效果举例如图 3-99 所示。

图 3-99 绘图效果举例

☑ **应用技巧**：要绘制正方形或圆形，应选择"矩形"命令或"椭圆"命令，按住鼠标左键并拖动鼠标绘制即可。

3. 公式的插入

参考图 3-100 所示的样式，插入一个公式。

（1）将光标置于要插入公式的位置，在"插入"选项卡的"符号"组中，单击"公式"下拉按钮，在弹出的下拉菜单中选择"插入新公式"命令，就会在光标处插入一个空白公式输入框，如图 3-101 所示。同时，自动展开"公式工具/设计"选项卡，如图 3-102 所示。

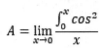

$$A = \lim_{x \to 0} \frac{\int_0^x cos^2}{x}$$

图 3-100　公式

图 3-101　空白公式输入框

图 3-102　"公式工具/设计"选项卡

（2）输入"A="，在"结构"组中，单击"极限和对数"下拉按钮，在弹出的下拉菜单中选择"函数"→"极限"命令。

（3）单击 lim 下方小方格，输入"x→0"。

（4）单击 lim 右侧小方格，并单击"分式"下拉按钮，在弹出的下拉菜单中选择"分式"→"分式（竖式）"命令；单击分母小方格，并输入"x"；单击分子小方格，并单击"积分"下拉按钮，在弹出的下拉菜单中选择"积分"→"积分"命令。

（5）分别单击积分符号的上标小方格与下标小方格，并分别输入"x"和"0"。

（6）单击积分符号右侧小方格，并单击"上下标"下拉按钮，在弹出的下拉菜单中选择"下标和上标"→"上标"命令，在底数小方格中输入"cos"，在上标小方格中输入"2"。

能力拓展

设计演讲消息报告，在文档中注明主讲人、讲座主旨、地点和时间等信息，并使用 Word 2016 中的艺术字、图片等相关设置命令美化文档。完成效果如图 3-103 所示。

其要求如下。

（1）演讲消息报告中字符格式和段落格式设置参考图 3-103。

（2）将文字"演讲消息报告"设置为艺术字。

① 设置艺术字的"字体"为"华文新魏"，"字号"为"48"。

② 在"绘图工具/格式"选项卡的"艺术字样式"组中，单击"文本填充"下拉按钮，在弹出的下拉菜单中选择"渐变"→"其他渐变"命令，打开"设置形状格式"窗格，选中"渐变填充"单选按钮，在"渐变光圈"选项组中，设置停止点 1 的"颜色"为"紫色，个性色 4，深色 25%"，停止点 2 的"颜色"为"水绿色，个性色 5，深色 25%"；单击"文本效果"下拉按钮，在弹出的下拉菜单中选择"阴影"→"外部"→"右上斜偏移"命令；单击"文本效果"下拉按钮，在弹出的下拉菜单中选择"转换"→"弯曲"→"波形 1"命令。

（3）设置文字"××大学华强教授主讲"所在文本框，单击"排列"组中的"位置"下拉按钮，在弹出的下拉菜单中选择"文字环绕"→"中间居左，四周型文字环绕"命令。对文本框及字符格式的设置参考图 3-103。

（4）在指定位置插入来自设备的图片文件"灯笼.jpg"和"教授.jpg"。

演讲消息报告

××大学华强教授主讲

去年全国高职毕业生总新增 40 万，就业率却比 2003 年同期提高了约 6 个百分点，达到 61%，北京、浙江等地的高职毕业生就业率更是高达 80%。另据《中国贸易报》6 月 30 日报道，今年 5 月以来，首批响应教育部倡导，以 "订单式" 教育培训的高职毕业生正陆续毕业步入社会，其高达 7 成以上的平均就业率与僧多粥少的本科生就业市场形成鲜明对比。

为何高职毕业生反而要比大学生还吃香？首批采取 "订单式" 教育优先招聘的企业之一美国艾默生公司认为，"订单式" 教育有利于培养适合企业需求的专精型人才，不但可以节省企业招聘时的试工时间，还省去了企业自己培训时消耗的大量人力和物力，大幅度地减轻了企业的培训负担。

为了让同学们对目前我国的就业形势有更深入的了解，学校特邀请了××大学的**华强教授**来我校作专题演讲，欢迎准时参加。

- ◆ *演讲主题*：为何高职毕业生比大学生还吃香？
- ◆ *主讲专家*：××大学**华强教授**
- ◆ *演讲时间*：**12 月 16 日上午 9 时—11 时 30 分**
- ◆ *演讲地点*：学校第一阶梯教室

图 3-103　完成效果

任务 5　长文档排版

任 务 描 述

　　文字是传递信息的一种重要途径，一篇文章无论撰写得多么华丽多彩，如果版面缺乏条理、层次等，那么就没有呼吸感。本任务以毕业论文为例，进行页面设置与文档属性设置，使用样式快速设置相应的格式，利用具有大纲级别的标题自动生成目录，利用域灵活添加页眉和页脚等，对毕业论文进行了有效的排版。

技 术 分 析

- ✧　页面与文档属性的设置
- ✧　样式的修改、应用及新建
- ✧　多级符号的设置
- ✧　题注的设置
- ✧　书签的制作及交叉引用
- ✧　分节符的插入

✧　页眉和页脚的设置
✧　脚注的插入
✧　论文的审阅与修订
✧　目录的插入
✧　打印的设置

任务实现

页面与文档
属性的设置

1. 页面与文档属性的设置

1）页面的设置

（1）打开"论文排版素材.docx"文档。

（2）单击"布局"选项卡中"页面设置"组右下方的按钮，打开"页面设置"对话框，在"纸张"选项卡的"纸张大小"下拉列表中选择"A4"选项。

（3）在"页边距"选项卡的"上"数值框中输入"2.54 厘米"，"下"数值框中输入"2.54 厘米"，"左"数值框中输入"3.17 厘米"，"右"数值框中输入"3.17 厘米"；在"装订线"数值框中输入"0.1 厘米"；在"装订线位置"下拉列表中选择"左"选项；在"应用于"下拉列表中选择"整篇文档"选项，如图 3-104 所示。

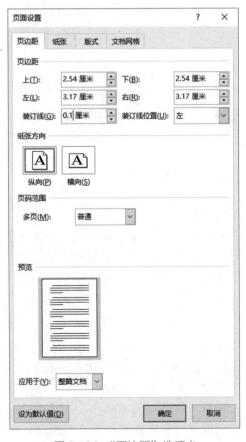

图 3-104　"页边距"选项卡

（4）在"版式"选项卡的"页眉和页脚"选项组中勾选"奇偶页不同"复选框，如图 3-105 所示。在"文档网格"选项卡的"网格"选项组中选中"指定行和字符网格"单选按钮，在"字符数"选项组的"每行"数值框中输入"38"，如图 3-106 所示。

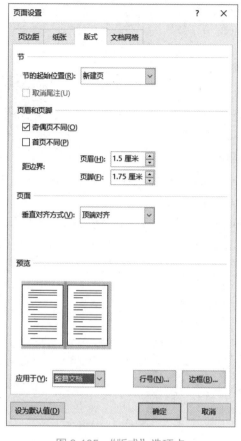

图 3-105 "版式"选项卡

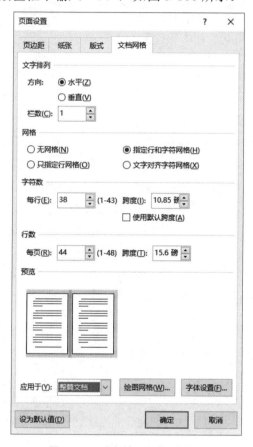

图 3-106 "文档网格"选项卡

（5）单击"确定"按钮，完成设置。

2）文档属性的设置

设置文档标题、作者、班级。

（1）选择"文件"→"信息"命令，在弹出的"信息"窗格右侧选择"属性"→"高级属性"选项，打开"论文排版素材.docx 属性"对话框。

（2）在"摘要"选项卡中设置以下内容，如图 3-107 所示。

标题：设立期货投资基金的构想及对策性建议

作者：自己的学号+姓名

单位：所在班级

说明：毕业论文的撰写规范通常会规定页边距、纸张方向、纸张大小、页眉和页脚距边界的距离，以及每行字符数及行数等，这些均都在"页面设置"对话框中设置。一般在开始编辑文档时先进行页面设置，可以直观地在录入时看到页面中的内容和排版是否适宜，进而合理安排文档内容。这样可以避免出现在编辑完文档后因发现纸张大小或页边距等不合适而设置文档属性时造成的重复排版情况。

图 3-107 设置内容

　　文档属性包含一个文件的详细信息，如描述性的标题、作者、类别、关键词、文件长度、创建日期、最后修改日期、统计信息等。

　2．样式的修改、应用及新建

　　分别为红色、绿色、蓝色文字应用"标题 1""标题 2""标题 3"样式。文档样式要求如表 3-1 所示。

样式的修改、应用及新建

表 3-1 文档样式要求 1

名　　称	字　　体	字　　号	间　　　　距	对 齐 方 式
标题 1	黑体	三号	行距为 20 磅，段前间距为自动，段后间距为 25 磅	居中
标题 2	黑体	小三号	行距为 20 磅，段前间距为自动，段后间距为 20 磅	左对齐
标题 3	黑体	四号	行距为 20 磅，段前间距为自动，段后间距为 13 磅	左对齐
论文正文	宋体	五号	行距为 20 磅	首行缩进 2 个字符

　1）样式的修改

　（1）单击"开始"选项卡的"样式"组右下方的按钮，如图 3-108 所示。

图 3-108 "样式"组右下方的按钮

（2）在打开的"样式"窗格中单击"选项"链接。

（3）打开"样式窗格选项"对话框，在"选择要显示的样式"下拉列表中选择"所有样式"选项，单击"确定"按钮，如图 3-109 所示。

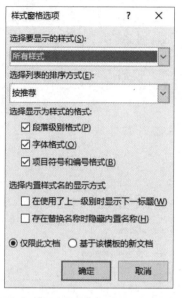

图 3-109 "样式窗格选项"对话框

（4）返回"样式"窗格，可以看到已经显示出所有样式，如图 3-110 所示。勾选"显示预览"复选框即可以预览所有样式。

图 3-110 "样式"窗格

（5）将鼠标指针移动到"标题 1"样式处，单击右侧的下拉按钮，在弹出的下拉列表中选择"修改"选项。

（6）打开"修改样式"对话框，在"格式"选项组中选择字体为"黑体"，字号为"三号"，单击"居中"按钮，如图 3-111 所示。

（7）单击左下方的"格式"下拉按钮，在弹出的下拉列表中选择"段落"选项，打开"段落"对话框。在"间距"选项组的"段前"数值框中输入"自动"，在"段后"数值框中输入"25 磅"，选择"行距"下拉列表中的"固定值"选项，并在"设置值"数值框中输入"20 磅"，如图 3-112 所示。

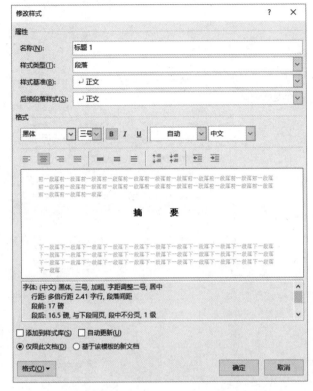

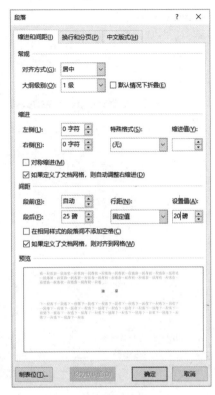

图 3-111　"修改样式"对话框　　　　　　　　图 3-112　"段落"对话框 1

（8）单击"确定"按钮。

（9）按照以上方法，根据毕业论文样式要求修改其他样式。

2）样式的应用

（1）选择文档中要应用样式的文字，或将光标置于要应用样式段落的任意位置。

（2）单击"样式"窗格中要应用样式的名称，如标题 1，或选择"开始"选项卡的"样式"组中相应的样式命令即可。

3）样式的新建

设置论文"正文"部分的字号为五号，字体为宋体，行距为固定值 20 磅，首行缩进 2 个字符。

样式的新建

（1）在"样式"窗格中单击"新建样式"按钮，打开"根据格式设置创建新样式"对话框。

（2）在"属性"选项组的"名称"文本框中输入"论文正文"，在"样式类型"下拉列表中选择"段落"选项，在"样式基准"下拉列表中选择"正文"选项（若不希望新样式受到其他样式的影响，则选择"无样式"选项），如图 3-113 所示。

（3）在"格式"选项组中选择字体为"宋体"，字号为"五号"。单击左下方的"格式"下拉按钮，在弹出的下拉列表中选择"段落"选项，打开"段落"对话框。在"特殊格式"下拉列表中选择"首行缩进"选项，并在"缩进值"数值框中输入"2字符"；在"行距"下拉列表中选择"固定值"选项，并在"设置值"数值框中输入"20磅"，如图3-114所示。单击"确定"按钮，返回"根据格式设置创建新样式"对话框。

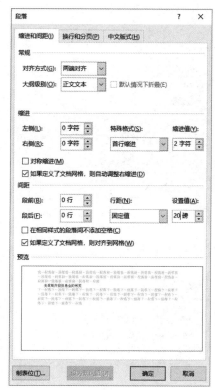

图3-113 "根据格式设置创建新样式"对话框　　　　图3-114 "段落"对话框2

（4）将新样式"论文正文"应用到除标题以外的所有文本上。

 知识拓展

通常长文档由"题目""摘要""目录""绪论""正文""结论""参考文献"等部分组成。具有文档长、内容多、格式多的特点，沿用以前的方法逐一对文字进行设置，既费时又费力，不仅不能保证格式一致，而且不方便阅读。使用Word 2016中的样式就可以解决这类问题。

1. 样式的概念

样式是一系列字符格式和段落格式的集合，样式的方便之处在于可以把它应用于一个段落或段落中选择的字符上，按照定义样式的格式，能批量完成字符格式或段落格式的设置。

使用样式的优势可以归纳为以下几点。

（1）可以节省设定各种文档的时间。

（2）可以保证字符格式一致。

（3）更改字符格式更加容易。

2．样式的类型

Word 2016 中的样式分为内置样式、自定义样式、其他文档样式或模板中的样式 3 种。

其中内置样式有"标题 1""标题 2""标题 3"…"标题 9"。它们通常用于各级标题段落，与其他样式显著不同的是具有级别，分别对应级别 1～9。这样就能够通过级别得到文档结构图、大纲和目录。

"正文"样式是文档中的默认样式，新建的文档中的文字通常都采用"正文"样式。很多其他样式都是在"正文"样式的基础上经过改变格式设置出来的。因此，"正文"样式是 Word 2016 中的基础样式，不要轻易修改它。一旦"正文"样式被修改，将会影响所有基于"正文"样式的其他样式。

样式可以根据排版要求进行定义、修改。

3．样式的基本操作

1）重命名样式

单击"样式"窗格中要重命名样式右侧的下拉按钮，在弹出的下拉列表中选择"修改"选项，打开"修改样式"对话框，在"属性"选项组的"名称"文本框中输入新样式名，单击"确定"按钮即可。

2）删除无用的样式

单击"样式"窗格中要删除样式右侧的下拉按钮，在弹出的下拉列表中选择"删除"选项，在弹出的对话框中，单击"是"按钮即可。

3）查找和替换样式

在更改模板或从另一个文档中复制文本后发现整个文档中的段落样式出现了问题时，可以通过"替换"命令将一个样式替换为另一个样式。

例如，把"标题 2"样式替换为"标题 3"样式。

其操作步骤如下。

（1）选择"开始"→"编辑"→"替换"命令，或按组合键 Ctrl＋H，打开"查找和替换"对话框。

（2）单击"更多"按钮，以便查看对话框中的所有选项。

（3）将光标置于"查找内容"文本框中，单击"格式"下拉按钮，在弹出的下拉列表中选择"样式"选项，如图 3-115 所示。

（4）在打开的"查找样式"对话框的"查找样式"列表框中选择"标题 2"选项，如图 3-116 所示。单击"确定"按钮，返回"查找和替换"对话框。

（5）将光标置于"替换为"文本框中，单击"格式"下拉按钮，在弹出的下拉列表中选择"样式"选项，在打开的"替换样式"对话框中的"替换样式"列表框中选择"标题 3"选项，单击"确定"按钮，返回"查找和替换"对话框，如图 3-117 所示。

信息技术应用基础

图 3-115 "查找和替换"对话框 1

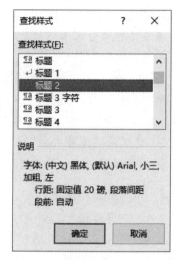

图 3-116 "查找样式"对话框

图 3-117 "查找和替换"对话框 2

（6）单击"全部替换"按钮，完成替换。

4．在"样式检查器"窗格中清除样式

在"样式检查器"窗格中段落格式和字符格式分开显示，用户可以分别清除段落格式和字符格式，操作步骤如下。

（1）单击"开始"选项卡的"样式"组右下方的按钮，打开"样式"窗格。在"样式"窗格中单击"样式检查器"按钮🔄，打开"样式检查器"窗格。

（2）在"样式检查器"窗格中，显示了光标当前所在位置的段落格式和文字级别格式。分别单击"重设为普通段落样式"按钮、"清除段落格式"按钮、"清除字符样式"按钮和"清除字符格式"按钮即可清除相应的样式或格式。

🔊 **说明**：在创建标题样式时，要明确各级别之间的关系及正确设置标题编号格式等，否则将导致排版时出现标题级别混乱的情况。

应用样式后，文档在大纲视图中也方便进行结构的调整和内容的移动。

3．多级符号的设置

设置以下标题层次样式。

一　　　　　　　一级标题
1．1　　　　　　二级标题
1．1．1　　　　三级标题

多级符号的设置

其操作步骤如下。

（1）随意选择一个使用"标题 1"样式的段落，如"引言"段落。

（2）单击"开始"选项卡的"段落"组的"多级列表"下拉按钮，在弹出的下拉菜单中选择"定义新的多级列表"命令，打开"定义新多级列表"对话框，在"单击要修改的级别"列表框中选择"1"选项，在"此级别的编号样式"下拉列表中选择"一，二，三（简）…"选项，此时，"输入编号的格式"文本框中出现一个"一"（注意，"一"不要改动，可以在"一"的前后添加文字，如添加后为"第一章"），单击"更多"按钮，在"将级别链接到样式"下拉列表中选择"标题 1"选项，如图 3-118 所示。

（3）在"单击要修改的级别"列表框中选择"2"选项，在"此级别的编号样式"下拉列表中选择"1,2,3,..."选项，在"将级别链接到样式"下拉列表中选择"标题 2"选项，勾选"正规形式编号"复选框（否则二级标题只能显示为"一.1"），如图 3-119 所示。

（4）使用同样的方法，在"单击要修改的级别"列表框中选择"3"选项，在"此级别的编号样式"下拉列表中选择"1,2,3,..."选项，在"将级别链接到样式"下拉列表中选择"标题 3"选项，勾选"正规形式编号"复选框。

（5）单击"确定"按钮，完成自动编号。

🔊 **说明**：对于毕业论文这样的长文档，需要使用多级编号来实现层次效果。如果手动添加编号，那么一旦对内容进行了增加、删除或移动，就需要修改相应的编号。毕业论文中的多级符号的应用使增加、删除、移动后的标题能自动调整编号。

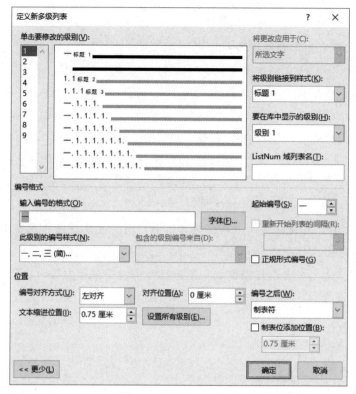

图 3-118　设置一级标题

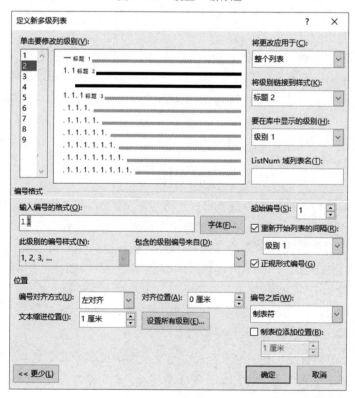

图 3-119　设置二级标题

4. 题注的设置

为毕业论文中的图片添加题注，格式设置为"图 2.×"。

（1）选择要设置编号的图片，选择"引用"→"题注"→"插入题注"
命令，打开"题注"对话框，如图 3-120 所示。

题注的设置

（2）单击"新建标签"按钮，在打开的"新建标签"对话框的"标签"文本框中输入
"图 2."，如图 3-121 所示。单击"确定"按钮，返回如图 3-122 所示的"题注"对话框。单
击"编号"按钮，在打开的"题注编号"对话框中显示"格式"为"1,2,3,…"，如图 3-123
所示。单击"确定"按钮，返回"题注"对话框，在"位置"下拉列表中选择"所选项目下
方"选项，单击"确定"按钮即可。

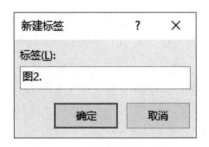

图 3-120　"题注"对话框 1　　　　　　　　　图 3-121　"新建标签"对话框

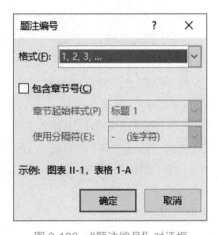

图 3-122　"题注"对话框 2　　　　　　　　　图 3-123　"题注编号"对话框

（3）这时在图片下方就出现了一个插入的文本框，其中有刚才新建的标签和自动生成
的序号，在序号后可以输入文字"全球商品指数基金规模"。选择该文本，可以设置字符格
式和段落格式。

（4）使用同样的方法为其他图片添加题注，当再次插入同一级别的图片时，只要直接
选择"引用"→"题注"→"插入题注"命令就可以了，Word 2016 会自动按图片在文档中
出现的顺序为其编号，从而达到为图片插入题注的效果。

知识拓展

题注是可以添加到表格、图表、公式或其他项目中的标签，在对有大量图表的毕业论文进行排版时，可以使用题注实现图表自动编号。

增加或删除图表后，更新题注的方法如下。

在设置与原题注格式相同的新题注时，Word 2016 会自动更新题注编号。删除或移动后，需要手动更新。

（1）选择要更新的一个或多个题注，执行下列操作之一。

① 若要更新特定题注，则应选择该题注。

② 若要更新所有题注，则应先在文档的任意位置单击再按组合键 Ctrl+A 全选文档。

（2）右击要插入题注的位置，在弹出的快捷菜单中选择"更新域"命令。

也可以通过选择特定题注或全选文档，按 F9 键自动更新域，从而让后面的题注自动更新为正确的状态。

> 🔊 **说明**：在需要为表格编号插入题注时，可以全选表格并右击，在弹出的快捷菜单中选择"题注"命令，要注意表格的题注一般在表格上方。

---

5. 书签的制作及交叉引用

书签的制作及交叉引用

为毕业论文中的题注"图 2.1"制作书签"图二点一全球商品指数基金规模"，并对制作的书签进行引用。

1）书签的制作

（1）选择题注"图 2.1"，选择"插入"→"链接"→"书签"命令，打开"书签"对话框。

（2）在"书签名"文本框中输入"图二点一全球商品指数基金规模"（不能以数字开头，不能有"空格""一、"等），如图 3-124 所示。

（3）单击"添加"按钮，这样就把题注"图 2.1"制作成了一个书签。使用同样的方法制作其他书签。

2）书签的交叉引用

（1）将光标置于插入题注的位置，即文字"如"后，选择"插入"→"链接"→"交叉引用"命令，在弹出的"交叉引用"对话框的"引用类型"下拉列表中选择"书签"选项，在"引用内容"下拉列表中选择"书签文字"选项，在"引用哪一个书签"列表框中选择刚才输入的书签名"图二点一全球商品指数基金规模"，如图 3-125 所示。

（2）单击"插入"按钮，将文字"图 2.1"插入到光标所在位置。引用书签的效果如图 3-126 所示。在其他位置需要再次引用时直接对相应的书签进行交叉引用即可。

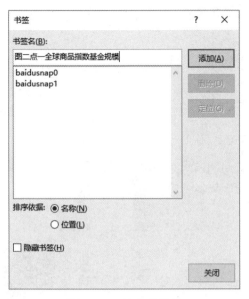

图 3-124　输入书签名

图 3-125　"交叉引用"对话框

数据来源：综合媒体资料，海通证券整理。

　　如图 2.1 所示：从 2017 年以来，全球商品指数基金规模呈稳定增长态势。可见，投资组合的效益越来越被认可。

图 3-126　引用书签的效果

 知识拓展

　　交叉引用是在文档的一个位置引用文档的另一个位置的内容，常常用于需要互相引用内容的位置，如"有关××××的使用方法，请参阅第×节"和"有关××××的详细内容，参见××××"等。通过交叉引用可以使学生尽快找到想要查找的内容，也可以使整篇文档的结构更有条理且更加紧凑。在长文档的处理中，靠人工来处理交叉引用的内容，既会花费大量时间，又容易出错。使用 Word 2016 的交叉引用功能，会自动确定引用的页码、编号等内容，可以为标题、题注、书签等创建交叉引用。创建交叉引用之后，可以修改交叉引用的内容，具体方法如下。

（1）选择文档中交叉引用的内容，注意不要选择介绍性的文字。

（2）选择"插入"→"链接"→"交叉引用"命令，弹出"交叉引用"对话框。

（3）在"引用内容"下拉列表中选择要引用的内容。

（4）单击"插入"按钮。

要修改介绍性的文字，在文档中直接修改即可，不会对交叉引用造成影响。

> **说明：** 在改变图片编号时，文档中的交叉引用有时不会被自动更新，可以右击交叉引用的文字，在弹出的快捷菜单中选择"更新域"命令。

6．分节符的插入

在毕业论文的"目录"部分和"引言"部分前分别插入分节符，将"摘要"部分、"目录"部分、"正文"部分分为 3 节。

分节符的插入

（1）切换到页面视图。

（2）将光标置于"目录"部分前，单击"布局"选项卡的"页面设置"组中的"分隔符"下拉按钮，在弹出的下拉菜单中选择"分节符"→"下一页"命令，如图 3-127 所示。

（3）同样，将光标置于"目录"部分和文字"一引言"之间，插入分节符。

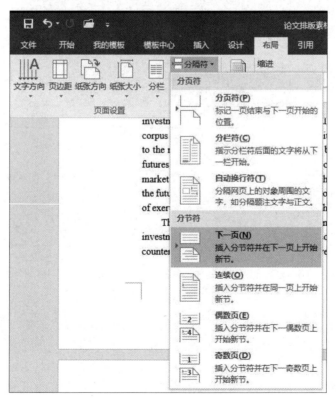

图 3-127　"分隔符"下拉菜单

说明：

下一页：分节符后的文本从新的一页开始。

连续：新节与前一节同处于当前页中。

偶数页：分节符后的内容转入下一个偶数页。

奇数页：分节符后的内容转入下一个奇数页。

（4）由于中文摘要和英文摘要需要被单独设置为一页，因此可以在"Abstract"前插入一个分页符，以保证中文摘要和英文摘要在同一节的不同页中。

（5）创建节后，选择"文件"→"打印"命令，单击"页面设置"链接，在弹出的"页面设置"对话框的"版式"选项卡的"应用于"下拉列表中选择"本节"选项，如图 3-128 所示。此时，即可使当前节的页面设置与其他节的页面设置不同。

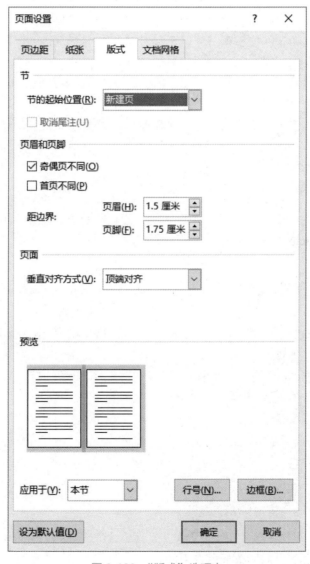

图 3-128　"版式"选项卡

知识拓展

节是用来划分文档的一种方式。之所以引入节，是为了实现在同一个文档中设置不同的页面格式，如不同的页眉页脚、不同的页码、不同的页边距、不同的页面边框等。例如，在阅读一本书时，通常会发现"前言""目录""正文"等部分设置了不同的页眉和页脚，如"封面""目录"部分没有设置页眉，而"正文"部分设置了奇偶页不同的页眉和页脚；"目录"部分的"页码格式"为"Ⅰ,Ⅱ,Ⅲ,…"，而"正文"部分的"页码格式"为"1,2,3,…"等。

在新建文档时，Word 2016将整篇文档视为一节，此时，整篇文档只能采用统一的页面格式。

为了在同一个文档中设置不同的页面格式，必须将文档分为若干节，节可小至一个段落，也可大至整篇文档，Word 2016用分节符来标识节，在普通视图中分节符是两条横向平行的虚线。选择"开始"→"段落"→"显示/隐藏编辑标记"命令，即可显示所有隐藏的分节符。

分节符包含节的格式设置元素，如页边距、页面方向、页码顺序等。在删除分节符时，该分节符前的文字会依照分节符后的文字版式进行重新排版。例如，把一篇文档分为两节，第一节分两栏，第二节分三栏。此时，如果删除它们之间的分节符，那么整篇文档就会变成三栏版式。

删除分节符的方法如下。

1．方法1

选择"开始"→"段落"→"显示/隐藏编辑标记"命令，会显示所有隐藏的分节符，全选分节符并按Delete键删除即可。

2．方法2

（1）选择"开始"→"编辑"→"替换"命令，在弹出的"查找和替换"对话框中，单击"更多"按钮。

（2）选择"搜索"下拉列表中的"全部"选项，取消勾选"区分全/半角"复选框。注意，不要勾选其他复选框。

（3）将光标置于"查找内容"文本框中，单击"特殊格式"下拉按钮，在弹出的下拉列表中选择"分节符"选项，"替换为"文本框中保持为空。

（4）单击"全部替换"按钮即可。

🔊 **说明**：在使用分节符时不要与分页符混淆。

7．页眉和页脚的设置

设置页眉：从"正文"部分开始设置页眉。其中，奇数页的页眉为学院名在中间，偶数页的页眉为章标题在中间。

页眉和页脚的设置

设置页脚："目录"部分的"页码格式"为"Ⅰ,Ⅱ,Ⅲ,…","起始页码"为"Ⅰ","对齐方式"为"居中"。"正文"部分的"页码格式"为"1,2,3,…","起始页码"为"1","对齐方式"为"居中"。

1）设置页眉

（1）单击"正文"部分第一页任意处，在"插入"选项卡的"页眉和页脚"组中单击"页眉"下拉按钮，在弹出的下拉菜单中选择"编辑页眉"命令。

（2）在前面任务 5 的任务实现的第 1 部分中已经勾选了"奇偶页不同"复选框。

（3）这时会看到，在奇数页的页眉、页脚显示的分别是"奇数页页眉"和"奇数页页脚"；在偶数页的页眉、页脚显示的分别是"偶数页页眉"和"偶数页页脚"。

（4）在奇数页页眉，输入学院名"华东财经学院"，设置"对齐方式"为"居中"。选择"页眉和页脚工具/设计"→"导航"→"链接到前一条页眉"命令，断开当前节和上一节页眉的链接。奇数页页眉的设置效果如图 3-129 所示。

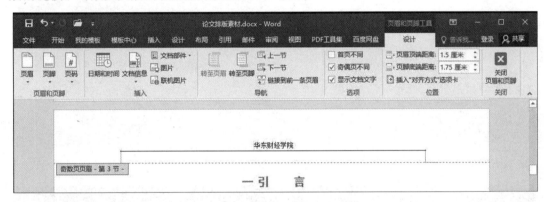

图 3-129　奇数页页眉的设置效果

（5）在偶数页添加页眉。

① 将光标置于"正文"部分所在节的偶数页页眉，选择"页眉和页脚工具/设计"→"导航"→"链接到前一条页眉"命令，断开当前节和上一节页眉的链接。

② 选择"开始"→"段落"→"居中"命令。

③ 单击"页眉和页脚工具/设计"选项卡的"插入"组中的"文档部件"下拉按钮，在弹出的下拉菜单中选择"域"命令，在弹出的"域"对话框的"类别"下拉列表中选择"链接和引用"选项，在"域名"列表框中选择"StyleRef"选项，在"样式名"列表框中选择"标题 1"选项，单击"确定"按钮，如图 3-130 所示。

偶数页页眉的设置效果如图 3-131 所示。

（6）选择"页眉和页脚工具/设计"→"关闭"→"关闭页眉和页脚"命令完成页眉的添加。

2）设置页脚

（1）双击分节后的"目录"部分的页脚。

（2）选择"页眉和页脚工具/设计"→"导航"→"链接到前一条页眉"命令，断开当前节和上一节页眉的链接。

图 3-130 "域"对话框

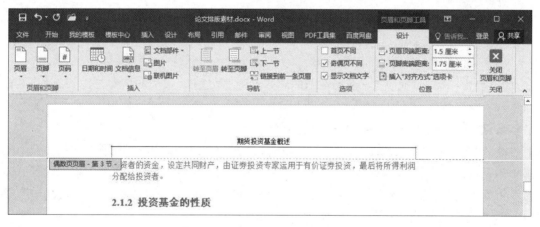

图 3-131 偶数页页眉的设置效果

（3）在"目录"部分的页脚，先单击"页眉和页脚"组的"页码"下拉按钮，在弹出的下拉菜单中选择"页面底端"→"普通数字 2"命令，再单击"页眉和页脚"组的"页码"下拉按钮，在弹出的下拉菜单中选择"设置页码格式"命令，在打开的"页码格式"对话框中选择"编码格式"下拉列表中的"Ⅰ,Ⅱ,Ⅲ,..."选项，选中"起始页码"单选按钮，并在其后的数值框中输入"Ⅰ"，如图 3-132 所示。

图 3-132　"页码格式"对话框

（4）使用同样的方法设置毕业论文"正文"部分的"页码格式"为"1,2,3,…"，"起始页码"为"1"，"对齐方式"为"居中"。

 知识拓展

1．在节与节之间设置不同的页眉和页脚

其方法如下。
（1）根据具体情况插入分节符，将整篇文档分为若干节。
（2）断开节与节之间的页眉或页脚的链接。
（3）在不同的节中分别插入相应的页眉和页脚。

2．域

域是引导在文档中自动插入文字、图形、页码或其他信息的一组特殊代码，用来指示在文档中插入某些特定内容或自动完成某些复杂功能。例如，使用域可以将日期和时间插入文档，并在文档中自动更新日期和时间。

域的突出优点是可以根据文档的改动或其他有关因素的变化自动更新。例如，生成目录后，目录中的页码会随着页面的增减而产生变化，这时可以通过更新域来自动修改页码。使用域不仅可以很方便地完成许多工作，更重要的是能够保证得到正确的结果。

8．脚注的插入

（1）将光标置于文字"一种金融投资工具"后，选择"引用"→"脚注"→"插入脚注"命令。

（2）在页脚输入"胡俞越，期货投资基金，北京：机械工业出版社，2005.7"，出现如图 3-133 所示的效果。使用同样的方法输入其他脚注。

脚注的插入

① 给文字"借以分散风险并由投资人享受投资成果"添加脚注"李子白，投资银行学，

清华大学出版社，2005.10"。

② 给文字"全球商品指数基金规模增长了 30 多倍"添加脚注"海证期货：发展期货投资基金正当其时，2008.5"。

投资基金是一种利益共享、风险共担的集合投资方式，即通过基金发行单位，集中投资者的资金，由基金托管人托管，由基金管理人管理和运作，从事股票、债券、外汇、货币等金融工具投资，以获得同风险情况下的最大收益和承担同收益情况下的最小风险为目的的一种金融投资工具[1]。

由于不同国家或地区投资基金发展状况的不同，因此，在不同国家或地区投资基金名称有所不同，不同国家或地区对投资基金的认识也不同。

英国是投资基金的发源地，广大投资者为了分享国际投资及分散风险，把自身分散的小额资金组成投资基金，交给专家经营，并按出资比例分配投资所得利润。因此，称投资基金单位为"单位投资信托"。

投资基金在美国被称为"共同基金"，被定义为一种制度，在该种制度下，汇集了具有共同投资目标的投资人的基金，委托专业投资机构进行分散投资，借以分散风险并由投资人享受投资成果|

[1] 胡俞越，期货投资基金，北京：机械工业出版社，2005.7

图 3-133　添加脚注的效果

说明：在文档中有时要为某些文本添加注解以说明该文本的含义和来源，这种注解被称为脚注或尾注。

脚注一般位于文档每页的底端，可以用于对本页内容进行解释，适用于对文档中的难点进行说明。

尾注一般位于文档的末尾，常用于列出文章或书籍的参考文献等。

9. 论文的审阅与修订

（1）以阅读版式打开文档并用缩略效果显示文档结构。

① 打开文档，选择"视图"→"视图"→"阅读视图"命令，或单击窗口右下方的"阅读视图"按钮，切换到阅读视图。

论文的审阅与修订

② 若要停止阅读文档，则应单击阅读视图右上方的"关闭"按钮或按 Esc 键。

（2）对文档进行修订，包括添加文字、删除文字和修改字符格式的操作，接受、拒绝修订，插入、隐藏、删除批注，添加或修改审阅者姓名。

① 修订论文。

➤ 选择要修订的文字。

➤ 单击"审阅"选项卡的"修订"下拉按钮，在弹出的下拉菜单中选择"修订"命令，进行文字修订。保持文字被选择的状态，输入修订的文字"在 20 世纪末经过"。修订后的文字在原文字右侧显示，如图 3-134 所示。

一　引　言

我国期货市场经过20世纪末在 20 世纪末经过将近五年的治理，规范化程高，进入了稳定发展的新阶段。近年来，期货交易量增长迅速，但制约期货市问题并没有得到根本解决，由于市场规模小、流动性差等问题，使得期货市场

图 3-134　修订效果

② 接受修订。

选择"审阅"→"更改"→"接受"命令，即可接受当前修订。

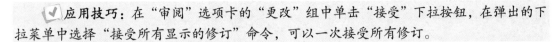

☑ **应用技巧**：在"审阅"选项卡的"更改"组中单击"接受"下拉按钮，在弹出的下拉菜单中选择"接受所有显示的修订"命令，可以一次接受所有修订。

③ 拒绝修订。

选择要拒绝修订的文字，在"审阅"选项卡的"更改"组中单击"拒绝"下拉按钮，在弹出的下拉菜单中选择"拒绝更改"命令，即可拒绝当前修订。也可以选择"拒绝所有显示的修订"命令，一次拒绝所有修订。

④ 插入批注。

➤ 将光标置于要插入批注的位置或选择需要进行批注的文字。

➤ 选择"审阅"→"批注"→"新建批注"命令，弹出一个批注编辑框，在其中输入批注的内容，如"此处进一步完善"，如图 3-135 所示。

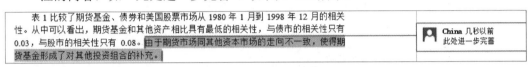

图 3-135　插入批注

☑ **应用技巧**：选择"审阅"→"修订"→"审阅窗格"命令，在打开的窗格中输入批注。

⑤ 隐藏批注。

如果在插入批注后不想看到批注的内容，那么可以在"审阅"选项卡的"修订"组中单击"显示标记"下拉按钮，在弹出的下拉菜单中选择"批注"命令。

⑥ 删除批注。

如果想在完成修订后将批注删除，那么可以先选择批注，再选择"审阅"→"批注"→"删除"命令，或右击需要删除的批注，在弹出的下拉菜单中选择"删除批注"命令。

⑦ 添加或修改审阅者姓名。

选择"文件"→"选项"命令，打开"Word 选项"对话框，在"常规"选项卡的"用户名"文本框中输入用户名，单击"确定"按钮，即可添加或修改审阅者姓名。

🔊 **说明**：Word 2016 具有自动标记修订过的文本的功能。也就是说，可以将文档中插入的文本、删除的文本、修改的文本以特殊颜色显示或为其添加一些特殊标记，以便以后对修订的内容进行审阅。

在修改文档遇到一些不能确定是否要修改的地方时，可以通过插入批注的形式暂时标记。在审阅文档的过程中审阅者要对作者提出一些意见和建议时，也可以通过插入批注的形式实现。

10. 目录的插入

（1）将"目录"部分设置为"居中""三号""黑体"，将光标置于"目录"部分下面的空白行中。

目录的插入

（2）单击"引用"选项卡的"目录"组中的"目录"下拉按钮，在弹出的下拉菜单中选择"自定义目录"命令。

（3）在"目录"对话框的"目录"选项卡的"显示级别"数值框中输入"3"，如图 3-136

所示。单击"确定"按钮，得到如图 3-137 所示的目录效果。

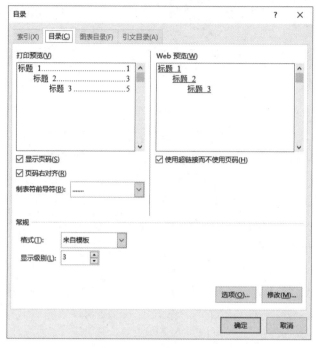

图 3-136 "目录"对话框

目录

图 3-137 目录效果

✓ **应用技巧**：Word 2016还提供了一个自动目录样式库。其使用方法如下：在"引用"选项卡的"目录"组中单击"目录"下拉按钮，在弹出的下拉菜单中选择所需的目录样式。

（4）更新目录。

在文档中对标题进行修改后，右击自动生成的"目录"部分，在弹出的快捷菜单中选择"更新域"命令，即可更新目录。或选择"引用"→"目录"→"更新目录"命令，也可以更新目录。

（5）设置生成目录的段落格式。

右击自动生成的"目录"部分，在弹出的快捷菜单中选择"段落"命令，打开"段落"对话框，在"行距"下拉列表中选择"固定值"选项，并在"设置值"数值框中输入"20磅"。

🔊 **说明**：目录通常是长文档不可缺少的部分，有了目录，用户就能很容易地了解长文档的结构，并快速定位需要查询的内容。

为文档自动生成目录，会使目录的制作变得比较简单，但前提是要为标题设置好样式。当标题或标题所在页码发生变化时，要注意及时更新目录。

11. 打印的设置

（1）选择"文件"→"打印"命令，在右侧的"打印"窗格中会显示打印效果。

（2）在"打印机"下拉列表中选择要使用的打印机。

（3）在"设置"选项组中选择要打印的范围。

（4）在"份数"数值框中输入要打印的份数，如图 3-138 所示。

（5）单击"打印"按钮，开始打印。

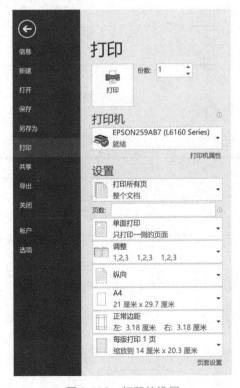

图 3-138　打印的设置

能力拓展

下面对"项目市场推广计划书.docx"文档进行排版。

其要求如下。

1. 设置页面及文档属性

（1）设置页面。

纸张大小：A4；上边距：2.5 厘米，下边距：2.5 厘米，左边距：3 厘米，右边距：3 厘米；页眉和页脚的奇偶页不同。

（2）文档属性。

标题：保健品项目市场推广计划书

作者：学号+姓名

2. 设置文档样式

分别对红色、绿色、蓝色文字应用"标题 1""标题 2""标题 3"样式。文档样式要求如表 3-2 所示。

表 3-2　文档样式要求 2

名　　称	字　　体	字　　号	间　　距
标题 1	黑体	三号	段前、段后间距均为 12 磅，1.5 倍行距
标题 2	黑体	小三号	段前、段后间距均为 12 磅，1.5 倍行距
标题 3	黑体	四号	段前、段后间距均为 12 磅，1.5 倍行距
论文正文	宋体	五号	1.5 倍行距

3. 设置多级编号

多级编号要求如表 3-3 所示。

表 3-3　多级编号要求

名　　称	编 号 样 式	对 齐 方 式
标题 1	第一章	居中
标题 2	1.1	左对齐
标题 3	1.1.1	左对齐

4. 插入分节符

在"目录"部分和"正文"部分之间插入分节符，使"目录"部分和"正文"部分各为一节。

在"正文"部分的每章标题前插入一个分页符。

5. 设置页眉

从"正文"部分开始设置页眉。

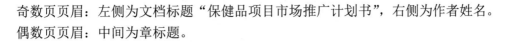

奇数页页眉：左侧为文档标题"保健品项目市场推广计划书"，右侧为作者姓名。

偶数页页眉：中间为章标题。

6．插入页码

"目录"部分的页码位于"页面底端""居中"，"页码格式"为"Ⅰ,Ⅱ,Ⅲ,…"。

"正文"部分的页码位于"页面底端""右对齐"，"页码格式"为"1,2,3,…"，"起始页码"为"1"。

7．插入目录

在文档的第一页插入目录，利用三级标题样式自动生成目录。

将"目录"部分的格式设置为"仿宋""小四""2 倍行距"。

将标题"目录"的格式设置为"黑体""三号""居中"，且段前、段后间距均为"1 行"。

模块 4　电子表格处理软件 Excel 2016

模块 4 电子表格处理软件 Excel 2016

　　Excel 2016 是一款个人计算机电子表格处理软件。它具有直观的界面、出色的计算功能和图表工具。它可以对数据进行复杂的计算，将计算结果显示为可视性极佳的表格或美观的商业图表，极大地提高数据的表现性。

任务 1　制作 Excel 表格

任务描述

　　使用 Excel 2016 制作 Excel 表格，是人们日常生活和工作中常用的方式。通过学习如何制作"班级通讯录.xlsx"工作簿，学生应熟悉 Excel 2016 的工作界面，掌握工作簿的基本操作，了解在工作表中输入、填充数据的方法。

技术分析

- ◇　工作簿的新建与保存
- ◇　工作簿中工作表的页面设置
- ◇　工作表的标题和表头的制作
- ◇　工作表中数据的输入

任务实现

工作簿的新建与保存

1. 工作簿的新建与保存

1）新建"班级通讯录.xlsx"工作簿

（1）打开计算机，单击"开始"按钮，在打开的"开始"菜单中选择"Microsoft Office 2016"→"Excel 2016"命令，启动 Excel 2016，如图 4-1 所示。

（2）Excel 2016 的工作界面与 Word 2016 的工作界面相似，如图 4-2 所示。

> 🔊 说明：
>
> ① 编辑栏：用来输入、显示、修改数据及公式，如图 4-3 所示。
>
> ② 单元格：用来输入数据和文字，与记事本、Word 2016 等软件的空白页作用一样，只是 Excel 2016 划分得更细，把一个页面分成了很多个单元格。为了方便定位，每个单元

格都有唯一的编号。例如，第 1 列第 1 行的单元格编号为 A1，第 3 列第 4 行的单元格编号为 C4，即"列标+行号"为单元格的编号。选择 C4 单元格，如图 4-4 所示。

2）保存"班级通讯录.xlsx"工作簿

（1）在快速访问工具栏中单击"保存"按钮![保存按钮]（见图 4-5），在右侧的"另存为"窗格中选择"浏览"选项，弹出"另存为"对话框。

图 4-1　启动 Excel 2016

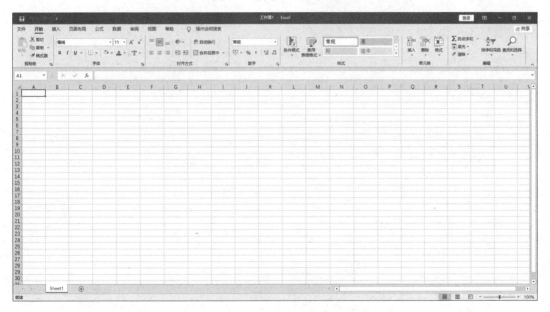

图 4-2　Excel 2016 的工作界面

图 4-3　编辑栏

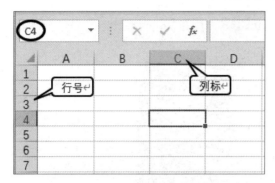

图 4-4　选择 C4 单元格

图 4-5　单击"保存"按钮

（2）在"另存为"对话框的地址栏中指定"本地磁盘（D:）\班级管理"文件夹，在"文件名"文本框中输入"班级通讯录.xlsx"，如图 4-6 所示。

图 4-6　"另存为"对话框

（3）单击"保存"按钮即可。

2．工作簿中工作表的页面设置

（1）打开"班级通讯录.xlsx"工作簿。

工作簿中工作
表的页面设置

说明：一个工作簿中默认包含一个工作表，名为 Sheet1，如图 4-7 所示。用户可以对当前工作簿中的工作表进行添加和删除。

图 4-7　工作簿中包含的工作表

（2）右击工作簿下方的工作表名"Sheet1"，在弹出的快捷菜单中选择"重命名"命令，这时工作表名"Sheet1"反黑显示，用户可以对工作表名进行编辑，输入"21 软件 331 班级通讯录"，按 Enter 键确认并返回工作表的数据区域，如图 4-8 所示。

图 4-8　重命名工作表

✅**应用技巧**：在对工作表进行重命名时，可以双击需要修改的工作表名，直接进行修改。

（3）单击"页面布局"选项卡的"页面设置"组右下方的按钮，在打开的"页面设置"对话框的"页面"选项卡中选中"横向"单选按钮，将工作表的方向设置为横向。

（4）为了使文档在打印时更加美观、协调，应在"页面设置"对话框的"页边距"选项卡的"居中方式"选项组中分别勾选"水平"和"垂直"复选框，使工作表在页面中水平、垂直居中放置，其他页边距设置如图 4-9 所示。

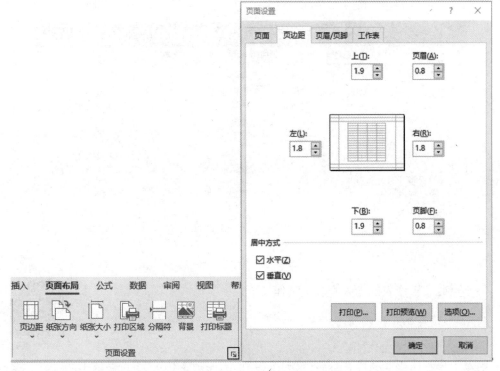

图 4-9　设置工作表页边距

3. 工作表的标题和表头的制作

（1）在打开的"21 软件 331 班级通讯录"工作表中选择 A1 单元格，输入标题"21 软件 331 班级通讯录"，如图 4-10 所示。

工作表的标题
和表头的制作

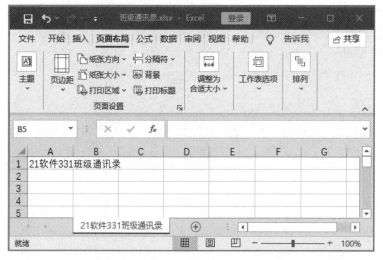

图 4-10　输入标题

说明：标题通常用于概括整个工作表的内容。而表头则显示在数据区域的第 1 行中，用于说明每列数据的意义。表头的制作在工作表的制作中十分重要。

（2）选择 A2 单元格，输入"学号"，选择 B2 单元格，输入"姓名"，依次在相应的单元格中输入其他内容，如图 4-11 所示。

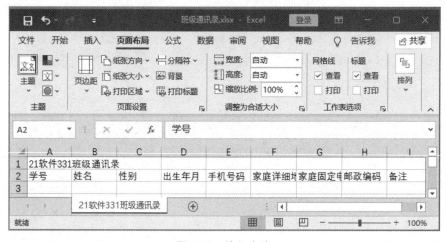

图 4-11　输入表头

（3）至此，工作表的标题和表头制作完成。

4. 工作表中数据的输入

1）输入每个学生的数据

当在工作表中横向输入数据时，按 Tab 键向右跳格，输入 I2 单元格中的内容"备注"

工作中数据的输入

后按 Enter 键换行继续输入，直到全部数据输入完成。

说明：在输入以 0 开头的数据时，应先输入一个半角单引号再输入数据。此时，计算机认为输入的是文本型数据，而不是数值型数据，否则 0 将被自动删除。

 知识拓展

（1）在工作表中输入数据时，逐项输入的速度较慢，Excel 2016 提供了自动填充功能，利用此功能可以快速完成序列数据和相同数据的输入，从而提高输入的速度。

① 在 A3 单元格中输入 "'2136613101"，此时 A3 单元格左上方会出现一个绿色小三角形，表示已将数值型数据转换成文本型数据，如图 4-12 所示。

图 4-12　数值型数据转换成文本型数据

② 选择 A3 单元格，将鼠标指针移至该单元格右下方，当鼠标指针变成粗十字形状（即填充柄）时，拖动填充柄即可进行等差序列数据的填充，即自动填充，如图 4-13 所示。

（2）若要进行其他类型数据的填充，则应单击"开始"选项卡的"编辑"组中的"填充"下拉按钮，在弹出的下拉菜单中选择"序列"命令，弹出如图 4-14 所示的"序列"对话框后，根据要求进行相应的设置即可。

图 4-13　自动填充　　　　　　　图 4-14　"序列"对话框

2）显示数据

在输入数据的过程中可以发现工作表中的部分数据不符合要求，如有些单元格中只显示"########"，有些单元格中的数据不能被全部显示，而有些单元格中显示的数据占用了其他单元格，如图 4-15 所示。

图 4-15　显示数据

下面通过调整工作表的行高和列宽，使工作表中的数据完整显示。

（1）选择包含表头的数据区域，如本例中选择 A2：I30 单元格区域。

（2）单击"开始"选项卡的"单元格"组中的"格式"下拉按钮，在弹出的下拉菜单中选择"自动调整行高"命令。

（3）单击"开始"选项卡的"单元格"组中的"格式"下拉按钮，在弹出的下拉菜单中选择"自动调整列宽"命令。

（4）对单元格进行微调。例如，将 D 列调窄，把鼠标指针移动到列标 D 和 E 之间，当鼠标指针变成✛形状时，按住鼠标左键并向左拖动鼠标，完成对单元格的微调，如图 4-16 所示。

图 4-16　微调效果

能力拓展

1. 处理工作簿中的工作表

（1）新建一个工作簿，将其命名为"练习 1.xlsx"，将"练习 1.xlsx"工作簿中的 Sheet1 工作表重命名为"智能填充"。

（2）在 Sheet3 工作表前插入一个新工作表，并将其命名为"计算机"。

（3）将"智能填充"工作表复制到 Sheet3 工作表后。

（4）将 Sheet2 工作表删除。

2. 制作简单成绩表

（1）在 Sheet2 工作表中输入如表 4-1 所示的内容（课程名的格式为"加粗""10 磅""楷体"）。

（2）在学生吴平的成绩上方插入学生杨帆的成绩，其各科成绩为：语文 89 分、数学 74 分、英语 92 分、物理 81 分、化学 89 分。

（3）清除课程名"数学"的格式。

（4）将 Sheet2 工作表中的所有"89"替换为"99"。

（5）将"练习 1.xlsx"工作簿保存到 D 盘的"Excel 练习"文件夹中。

表 4-1　各门课程成绩　　　　　　　　　　　　　　　　　　单位：分

姓名	语文	数学	英语	物理	化学
李丽	89	91	79	85	78
王云	78	86	90	63	89
赵磊	91	76	82	87	94
吴平	69	87	92	77	83

任务 2　设置工作表

任务描述

通过本任务的学习，学生应掌握在表格中输入数据后，如何设置数据的字体、字号、颜色和对齐方式，以及如何设置表格边框等，从而美化表格。此外，还应掌握如何将制作好的表格打印出来。

技术分析

✧ 工作表格式的设置

✧ 页眉和页脚的插入

✧ 工作表的打印

任务实现

1．工作表格式的设置

1）设置字符格式

（1）选择 A1 单元格，单击"开始"选项卡的"单元格"组中的"格式"下拉按钮，在弹出的下拉菜单中选择"设置单元格格式"命令，在弹出的"设置单元格格式"对话框的"字体"选项卡中进行如图 4-17 所示的设置。

设置字符格式
与对齐方式

（2）选择 A2：I30 单元格区域，设置表头和数据区域的字符格式，效果如图 4-18 所示。

2）设置对齐方式

（1）选择 A1：I1 单元格区域，单击"开始"选项卡的"单元格"组中的"格式"下拉按钮，在弹出的下拉菜单中选择"设置单元格格式"命令，在弹出的"设置单元格格式"对话框的"对齐"选项卡中进行如图 4-19 所示的设置。

✔ **应用技巧**：还可以选择"开始"→"对齐方式"→"合并后居中"命令，进行快捷操作。

图 4-17 "字体"选项卡

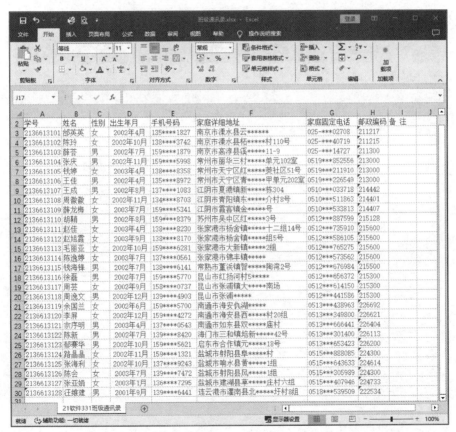

图 4-18 字符格式的设置效果

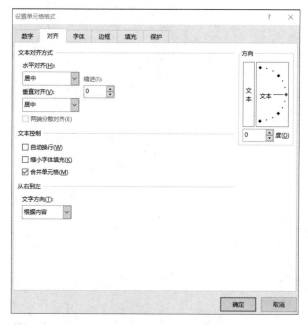

图 4-19 "对齐"选项卡

（2）选择 A2：I30 单元格区域，选择"开始"→"对齐方式"→"居中"命令，完成对表头和数据区域对齐方式的设置，效果如图 4-20 所示。

图 4-20 对齐方式的设置效果

3）设置边框

Excel 2016 工作表中显示的框线为网络线，在打印工作表时并不会被打印，这时需要为表格设置边框。

（1）选择 A2：I30 单元格区域，单击"开始"选项卡的"单元格"组中的"格式"下拉按钮，在弹出的下拉菜单中选择"设置单元格格式"命令，在弹出的"设置单元格格式"对话框的"边框"选项卡的"直线"选项组的"样式"列表框中选择细线，在"预置"选项组中选择"内部"选项，如图 4-21 所示。

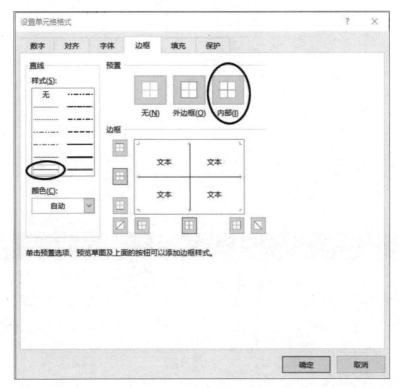

图 4-21　设置细内部框线

（2）在"直线"选项组的"样式"列表框中选择粗线，在"预置"选项组中选择"外边框"选项，单击"确定"按钮，如图 4-22 所示。表格边框的设置效果如图 4-23 所示。

说明：在有些情况下，使用"边框"选项卡的"预置"选项组中的选项不能实现表格边框的设置要求，这时可以在"边框"选项组中单击相应的边框按钮完成表格边框的设置。

4）设置表头底纹

（1）选择 A2：I2 单元格区域，保证鼠标指针放在被选择的区域内，右击，在弹出的快捷菜单中选择"设置单元格格式"命令。

（2）在弹出的"设置单元格格式"对话框的"填充"选项卡的"背景色"选项组中，选择"灰色"选项，如图 4-24 所示。

设置表头底纹

图 4-22 设置粗外侧框线

图 4-23 表格边框的设置效果

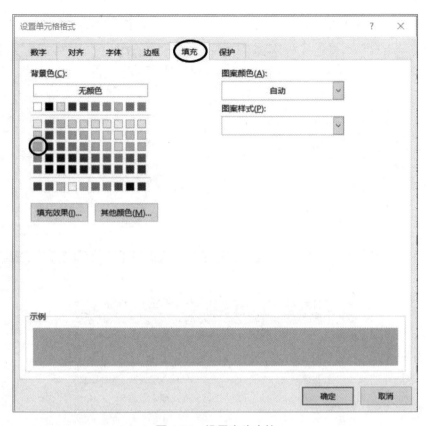

图 4-24　设置表头底纹

（3）单击"确定"按钮，表头底纹的设置效果如图 4-25 所示。

	A	B	C	D	E	F	G	H	I
1	21软件331班级通讯录								
2	学号	姓名	性别	出生年月	手机号码	家庭详细地址	家庭固定电话	邮政编码	备注
3	2136613101	邰英英	女	2002年4月	135****1827	南京市溧水县云******	025-***02708	211217	
4	2136613102	陈玲	女	2002年10月	138****3742	南京市溧水县柘*****村110号	025-***40719	211215	
5	2136613103	薛荟	男	2002年7月	159****1879	南京市高淳县溪*****11-9	025-***14727	211300	

图 4-25　表头底纹的设置效果

2．页眉和页脚的插入及工作表的打印

1）插入页眉和页脚

为了使工作表打印的效果美观且实用，需要插入页眉和页脚。
Excel 2016 的页眉和页脚分为左、中、右三部分，可以确定页眉和页脚
的具体位置。

页眉和页脚的插入
及工作表的打印

（1）选择"插入"→"文本"→"页眉和页脚"命令，工作簿自动进入页面布局视图，
并且弹出"页眉和页脚工具/设计"选项卡。

（2）在文字"页眉"右侧的文本框中输入"同学通讯录，请勿外传"，如图 4-26 所示。
在"开始"选项卡的"字体"组中设置字号为"10"。

（3）在"页眉和页脚工具/设计"选项卡的"页眉和页脚"组中单击"页脚"下拉按

钮，在弹出的下拉菜单中选择"第1页，共？页"命令，如图4-27所示。

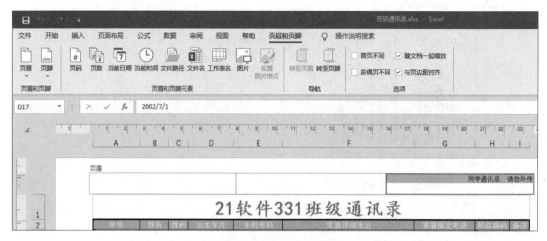

图 4-26　插入页眉

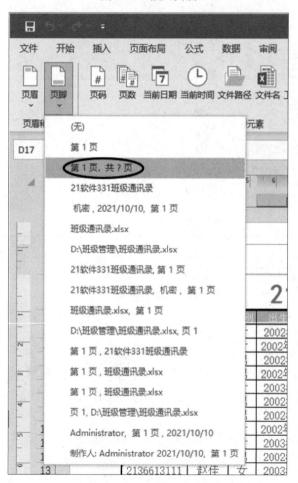

图 4-27　插入页脚

（4）选择"文件"→"打印"命令。打印效果如图4-28所示。

同学通讯录，请勿外传

21软件331班级通讯录

学号	姓名	性别	出生年月	手机号码	家庭详细地址	家庭固定电话	邮政编码	备注
2136613101	邰英英	女	2002年4月	135****1827	南京市溧水县云*****	025-***02708	211217	
2136613102	陈玲	女	2002年10月	138****3742	南京市溧水县柘*****村110号	025-***40719	211215	
2136613103	薛荟	男	2002年7月	159****1879	南京市高淳县溪*****11-9	025-***14727	211300	
2136613104	张庆	男	2002年11月	159****5998	常州市丽华三村*****单元102室	0519***852556	213000	
2136613105	钱婷	女	2003年4月	138****8358	常州市天宁区红*****菱社区51号	0519***211910	213000	
2136613106	王佳	男	2002年4月	135****8972	常州市天宁区青*****甲单元202室	0519***226549	213000	
2136613107	王成	男	2002年8月	137****1083	江阴市夏港镇新*****栋304	0510***033718	214442	
2136613108	周徽徽	女	2002年11月	134****8703	江阴市青阳镇东*****介村8号	0510***511863	214401	
2136613109	薛龙梅	女	2003年7月	159****5341	江阴市霞客镇金*****号	0510***533813	214407	
2136613110	胡鞠	男	2002年8月	159****8379	苏州市吴中区红*****3号	0512***887599	215128	
2136613111	赵佳	女	2003年10月	138****8230	张家港市杨舍镇*****十二组14号	0512***735910	215600	
2136613112	赵旭霞	女	2003年9月	138****8170	张家港市杨舍镇*****组5号	0512***586105	215600	
2136613113	毛丽亚	女	2002年10月	159****6281	张家港市大新镇*****2组	0512***765275	215600	
2136613114	陈逸婷	女	2003年7月	137****0561	张家港市锦丰镇*****	0512***573562	215600	
2136613115	钱海锋	男	2002年7月	138****6141	常熟市董浜镇智*****陶湾2号	0512***676984	215500	
2136613116	徐磊	男	2002年7月	159****5770	昆山市红扬河村*****号	0512***656372	215300	
2136613117	周芸	女	2002年9月	158****0737	昆山市张浦镇大*****南场	0512***614150	215300	
2136613118	周逸文	男	2002年12月	139****4903	昆山市张浦*****	0512***441586	215300	
2136613119	余国兰	女	2002年6月	159****5700	南通市海安市仇湖*****	0513***438963	226692	
2136613120	李屏	女	2002年12月	159****4272	南通市海安县西*****村20组	0513***349800	226621	
2136613121	宗序明	男	2002年4月	137****0543	南通市如东县双*****庙村	0513***666441	226404	
2136613122	陈新	男	2002年5月	139****8420	海门市三和镇培新*****42号	0513***301400	226113	
2136613123	郁赛华	男	2002年10月	159****5621	启东市合作镇元*****18号	0513***653423	226200	
2136613124	路晶晶	女	2002年11月	159****1321	盐城市射阳县阜*****	0515***888085	224300	
2136613125	张海利	女	2002年10月	137****9243	盐城市响水县黄*****1组	0515***643633	224614	
2136613126	陈会	女	2003年7月	139****7472	盐城市射阳县凤*****1组	0515***305989	224300	
2136613127	张亚娟	女	2003年1月	136****7295	盐城市建湖县草*****庄村六组	0515***407946	224733	
2136613128	汪维建	男	2001年9月	139****6441	连云港市灌南县北*****圩村8组	0518***539509	222534	

第1页，共1页

图 4-28　打印效果

　说明：单击快速访问工具栏中的"打印预览和打印"按钮，可以快速预览打印效果。

2）打印工作表

（1）打开打印机电源，保证打印机纸盒中有纸。

（2）单击快速访问工具栏中的"快速打印"按钮，在弹出的对话框中，进行相应的设置。

（3）单击"确定"按钮。

知识拓展

1. 批注的添加

用来对某个单元格进行说明的文字被称为批注。当把鼠标指针移动到这个单元格中时，不需要任何操作，就能显示批注。

以"21 软件 331 班级通讯录"工作表为模板，添加批注的操作步骤如下。

（1）打开"21 软件 331 班级通讯录"工作表。

（2）右击 B9 单元格，在弹出的快捷菜单中选择"插入批注"命令，在批注编辑框中输入"班长"，如图 4-29 所示。

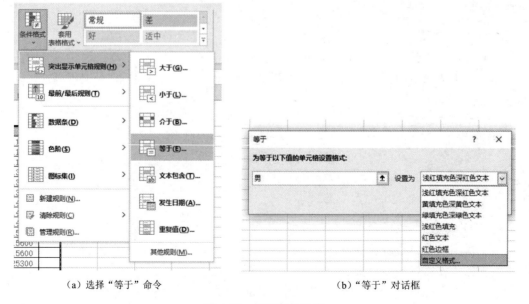

图4-29　添加批注

（3）输入完成后，单击空白处即可。可以看到，在B9单元格的右上方出现了红色三角形。

2．条件格式的设置

以"21软件331班级通讯录"工作表为例，若要将性别为男的学生姓名标出，则可以很方便地使用Excel 2016自带的"条件格式"下拉按钮，操作步骤如下。

（1）打开"21软件331班级通讯录"工作表。

（2）选择C3：C30单元格区域，单击"开始"选项卡的"样式"组中的"条件格式"下拉按钮，在弹出的下拉菜单中选择"突出显示单元格规则"→"等于"命令，如图4-30（a）所示。

（3）在弹出的"等于"对话框左侧的文本框中输入"男"，在右侧的"设置为"下拉列表中选择"自定义格式"选项，如图4-30（b）所示。

（a）选择"等于"命令　　　　　　　　　　　（b）"等于"对话框

图4-30　设置条件格式

（4）在弹出的"设置单元格格式"对话框的"字体"选项卡的"颜色"下拉列表中选择颜色，如图4-31所示。

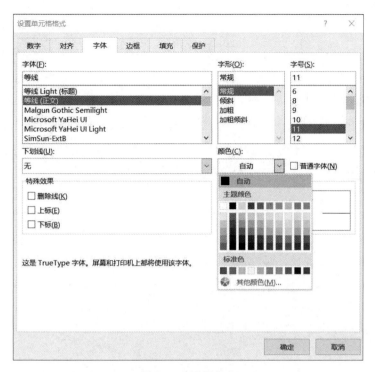

图 4-31　设置颜色

（5）单击"确定"按钮，效果如图 4-32 所示。

	A	B	C	D	E	F	G	H	I
1					**21软件331班级通讯录**				
2	学号	姓名	性别	出生年月	手机号码	家庭详细地址	家庭固定电话	邮政编码	备注
3	2136613101	邰英宜	女	2002年4月	135****1827	南京市溧水县云*****	025-***02708	211217	
4	2136613102	陈玲	女	2002年10月	138****3742	南京市溧水县柘*****村110号	025-***40719	211215	
5	2136613103	薛荟	男	2002年7月	159****1879	南京市高淳县溪*****11-9	025-**14727	211300	
6	2136613104	张庆	男	2002年11月	138****5998	常州市丽华三村*****单元102室	0519***852556	213000	
7	2136613105	钱婷	女	2003年4月	138****8358	常州市天宁区红*****菱社区51号	0519***211910	213000	
8	2136613106	王佳	男	2002年4月	135****8972	常州市天宁区青*****甲单元202室	0519***226549	213000	
9	2136613107	王成	男	2002年8月	137****1083	江阴市夏港镇新*****栋304	0510***033718	214442	
10	2136613108	周徽徽	女	2002年11月	134****8703	江阴市青阳镇东*****介村8号	0510***511863	214401	
11	2136613109	薛龙梅	女	2003年7月	159****5341	江阴市霞客镇金*****号	0510***533813	214407	
12	2136613110	胡鞘	男	2002年8月	159****8379	苏州市吴中区红*****3号	0512***887599	215128	
13	2136613111	赵佳	女	2003年4月	138****8230	张家港市杨舍镇*****十二组14号	0512***735910	215600	
14	2136613112	赵旭霞	女	2003年9月	138****8170	张家港市杨舍镇*****组5号	0512***586105	215600	
15	2136613113	毛丽亚	女	2002年10月	159****6281	张家港市大新镇*****组	0512***765275	215600	
16	2136613114	陈逸婷	女	2003年7月	137****0561	张家港市锦丰镇*****	0512***573562	215600	
17	2136613115	钱海锋	男	2002年7月	138****6141	常州市董浜镇智*****陶湾2号	0512***676984	215500	
18	2136613116	徐磊	男	2002年7月	159****5770	昆山市红扬河村5*****	0512***656372	215300	
19	2136613117	周芸	女	2002年9月	159****0737	昆山市张浦镇大*****南场	0512***614150	215300	
20	2136613118	周逸文	男	2002年12月	139****4903	昆山市张浦*****	0512***441586	215300	
21	2136613119	余国兰	女	2002年6月	159****5700	南通市海安市仇湖*****	0513***438963	226692	
22	2136613120	李屏	女	2002年12月	159****4272	南通市海安县西*****村20组	0513***349800	226621	
23	2136613121	宗序明	男	2003年4月	159****0543	南通市如东县双*****庙村	0513***666441	226404	
24	2136613122	陈新	男	2002年7月	139****8420	海门市三和镇培新*****42号	0513***301400	226113	
25	2136613123	郁寒华	男	2002年10月	159****5621	启东市合作镇元*****18号	0513***653423	226200	
26	2136613124	路晶晶	女	2002年11月	159****1321	盐城市射阳县阜*****村	0515***888085	224300	
27	2136613125	张海利	女	2002年10月	137****9243	盐城市响水县黄*****1组	0515***643633	224614	
28	2136613126	陈会	女	2003年7月	139****7472	盐城市射阳县凤*****1组	0515***305989	224300	
29	2136613127	张亚娟	女	2003年1月	136****7295	盐城市建湖县草*****庄村六组	0515***407946	224733	
30	2136613128	汪维建	男	2001年9月	139****6441	连云港市灌南县北*****圩村8组	0518***539509	222534	

图 4-32　条件格式的设置效果

 信息技术应用基础

能力拓展

1. 制作电子考勤表

原始电子考勤表如图 4-33 所示。

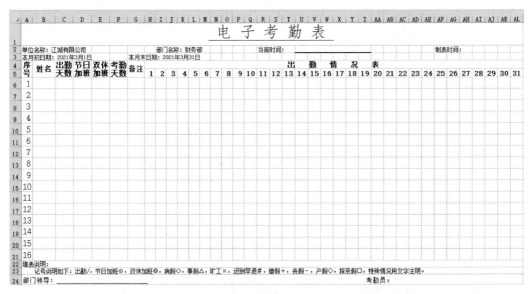

图 4-33　原始电子考勤表

电子考勤表的制作效果如图 4-34 所示。

图 4-34　电子考勤表的制作效果

2. 制作会议安排表

会议安排表的打印效果如图 4-35 所示。

中吴科技有限公司2021年度工作总结暨表彰会议安排

会议主题：2021年度工作总结暨表彰

会议时间：2021年12月20日

会议地点：楼外楼宾馆二楼会议室

参加人员：全体员工

主 持 人：陈玲

会务安排：李明

第一阶段：准备工作		
时间	发言人	会议安排
8：40—8：55		员工签到
8：55—9：00	李明	宣布会议纪律和会议议程
第二阶段：各部门年终总结及计划报告		
时间	发言人	会议安排
9：00—9：20	柳莉	市场部工作报告及展望
9：20—9：40	李青	工程部工作报告及展望
9：40—10：00	赵芳	销售部工作报告及展望
10：00—10：20	吕忠	技术支持部工作报告及展望
10：20—10：40	陈明明	财务部工作报告及展望
10：40—11：00	李明	办公室工作报告及展望
第三阶段：公司领导发言		
时间	发言人	会议安排
11：00—11：30	张总	公司年度总结及明年经营计划
第四阶段：表彰优秀员工		
时间	发言人	会议安排
11：30—11：35	周大远	宣读优秀员工名单
11：35—11：40	赵芳	优秀员工代表发言
11：40—11：50		由陈明明颁发荣誉证书及发放奖品
第五阶段：全员联欢		
时间	参与人	会议安排
11：50—12：00	全体员工	拔河比赛
	全体员工	文艺表演
12：00—15：00	全体员工	抽取幸运奖
	全体员工	团圆饭

中吴科技有限公司办公室

2021年12月10日

图 4-35　会议安排表的打印效果

任务 3　计算与分析 Excel 数据

任务描述

　　Excel 2016 是一种常用的数据分析工具，可以对收集的数据进行整理、分析、处理，通过图表使数据可视化，从而发现数据中的规律和趋势。本任务通过学习如何计算与分析 Excel 数据，学生应掌握 Excel 2016 中公式与函数、数据排序、数据筛选等功能的使用方法。

技术分析

◇ Excel 2016 中公式的使用
◇ Excel 2016 中数据排序的使用
◇ Excel 2016 中数据筛选的使用
◇ Excel 2016 中函数的使用

任务实现

原始数据的建立

1. 原始数据的建立

（1）新建工作簿并对其进行保存，文件名为"成绩分析表.xlsx"。将工作表名"Sheet1"更改为"成绩分析表效果图"。

（2）设置页边距，如图 4-36 所示。

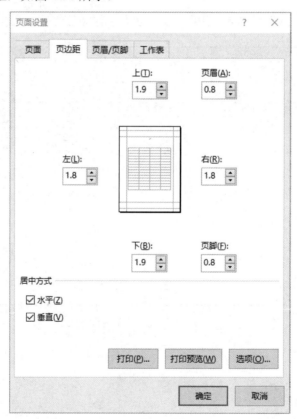

图 4-36　设置页边距

（3）制作标题和表头。

① 将标题和表头中的数据输入相应的单元格。

② 右击工作表中的行号"1"，在弹出的快捷菜单中选择"行高"命令，弹出"行高"对话框，在"行高"文本框中输入"40"，单击"确定"按钮，如图 4-37 所示。

图 4-37　设置行高

③ 同样，依据步骤②将表头的行高设置为 30。标题和表头的最终效果如图 4-38 所示。

▲	A	B	C	D	E	F	G	H	I	J	K
1	21程序331班级期末成绩分析表										
2	学号	姓名	政治	英语	数学	Web应用	软件项目	操作系统	数据库开发	总分	班级排名

图 4-38　标题和表头的最终效果

（4）输入数据。

将工作表中的数据依次输入相应的单元格，如图 4-39 所示。

▲	A	B	C	D	E	F	G	H	I	J	K
1	21程序331班级期末成绩分析表										
2	学号	姓名	政治	英语	数学	Web应用	软件项目的	操作系统	数据库开发	总分	班级排名
3	214361310	毕媛媛	89	78	79	93	77	78	83		
4	214361310	代静雨	72	79	59	70	69	82	79		
5	214361310	戴斯用	75	86	69	62	75	79	49		
6	214361310	郝贵丽	80	87	74	73	84	74	85		
7	214361310	何德苗	68	95	84	89	58	70	82		
8	214361310	贾国强	90	85	92	93	83	82	85		
9	214361310	李杰	72	76	93	88	78	78	84		
10	214361310	李思	84	67	87	97	78	96	78		
11	214361310	李武建	54	65	74	68	73	83	95		
12	214361311	刘红刚	90	89	79	89	86	87	89		
13	214361311	刘红艳	83	72	74	84	93	73	82		
14	214361311	刘佳涛	72	71	83	82	87	85	86		
15	214361311	刘勇	76	64	84	97	87	84	73		
16	214361311	路勇	56	58	68	69	87	69	74		
17	214361311	苏再再	65	68	85	84	89	95	91		
18	214361311	孙亚男	70	48	77	83	85	79	93		
19	214361311	吴先念	81	83	69	79	70	85	70		
20	214361311	伊学慧	95	81	97	95	95	89	84		
21	214361311	占力军	73	72	87	85	83	86	69		
22	214361312	张文涵	93	92	73	95	85	85	68		
23	214361312	张文萍	71	76	93	97	93	92	79		
24	214361312	赵淳伟	70	83	94	85	74	91	79		
25	214361312	赵思杰	65	52	85	79	94	85	59		
26	214361312	郑志和	58	65	75	69	88	83	62		
27	214361312	周创业	78	68	58	74	73	89	89		

图 4-39　输入数据

（5）设置表格格式。

为了使"成绩分析表效果图"工作表更加美观、实用，下面将对其格式进行设置，效果如图 4-40 所示。

> **说明**：设置表格格式，即对表格中的字符格式、对齐方式、边框和底纹进行设置。对于"成绩分析表效果图"工作表的格式，可以根据喜好自由调整。

学号	姓名	政治	英语	数学	Web应用开发	软件项目的开发与管理	操作系统	数据库开发	总分	班级排名
2143613101	毕媛媛	89	78	79	93	77	78	83		
2143613102	代静雨	72	79	59	70	69	82	79		
2143613103	戴斯用	75	86	69	62	75	79	49		
2143613104	郝贵丽	80	87	74	73	84	74	85		
2143613105	何德苗	68	95	84	89	58	70	82		
2143613106	贾国强	90	85	92	93	83	82	85		
2143613107	李杰	72	76	93	88	78	78	84		
2143613108	李思	84	67	87	97	78	96	78		
2143613109	李武建	54	65	74	68	73	83	95		
2143613110	刘红刚	90	89	79	89	86	87	89		
2143613111	刘红艳	83	72	74	84	93	73	79		
2143613112	刘佳涛	72	71	83	82	87	85	86		
2143613113	刘勇	76	64	84	97	87	84	73		
2143613114	路勇	56	58	68	69	87	69	74		
2143613115	苏再再	65	68	85	84	89	95	91		
2143613116	孙亚男	70	48	77	83	85	79	93		
2143613117	吴先念	81	83	69	79	70	85	70		
2143613118	伊学慧	95	81	97	95	95	89	84		
2143613119	占力军	73	72	87	85	83	86	69		
2143613120	张文涵	93	92	73	95	85	85	68		
2143613121	张文萍	71	76	93	97	93	92	79		
2143613122	赵淳伟	70	83	94	85	74	91	79		
2143613123	赵思杰	65	52	85	79	94	85	59		
2143613124	郑志和	58	65	75	69	88	83	62		
2143613125	周创业	78	68	58	74	73	89	89		

（表头大标题：21程序331班级期末成绩分析表）

图 4-40　"成绩分析表效果图"工作表格式的设置效果

（6）根据需要设置页眉和页脚。

（7）单击"保存"按钮。

至此，"成绩分析表效果图"工作表中的数据输入与初步设计基本完成。

2．总分的计算

（1）单击 J3 单元格，即学生毕媛媛的总分所在单元格。

（2）在 J3 单元格中输入"=C3+D3+E3+F3+G3+H3+I3"，如图 4-41 所示。

总分的计算

学号	姓名	政治	英语	数学	Web应用开发	软件项目的开发与管理	操作系统	数据库开发	总分	班级排名
2143613101	毕媛媛	89	78	79	93	77	78	83	=C3+D3+E3+F3+G3+H3+I3	

（表头大标题：21程序331班级期末成绩分析表）

图 4-41　输入计算总分的公式

（3）按 Enter 键，结果如图 4-42 所示。

图 4-42　学生毕媛媛的总分计算结果

说明：观察图 4-42 可以发现，编辑栏中也出现了计算总分的公式，由此可知，也可以直接在编辑栏中输入公式。

知识拓展

在 Excel 2016 的计算公式中一定要用半角的等号和运算符。

四则运算和乘方都可以在 Excel 2016 中使用。

C3 单元格与 D3 单元格相加的公式：=C3+D3。

C3 单元格与 D3 单元格相减的公式：=C3−D3。

C3 单元格与 D3 单元格相乘的公式：=C3*D3。

C3 单元格与 D3 单元格相除的公式：=C3/D3。

4 的 3 次方的公式：=4^3（^通过按组合键 Shift+6 输入）。

（4）将鼠标指针移动到 J3 单元格右下方，通过自动填充功能，计算其他学生的总分。复制公式如图 4-43 所示。填充结果如图 4-44 所示。

操作系统	数据库开发	总分
78	83	577
82	79	
79	49	
74	85	
70	82	
82	85	
78	84	
96	78	
83	95	
87	89	
73	79	
85	86	

图 4-43　复制公式

操作系统	数据库开发	总分	班级排名
78	83	577	
82	79	510	
79	49	495	
74	85	557	
70	82	546	
82	85	610	
78	84	569	
96	78	587	
83	95	512	
87	89	609	
73	79	558	
85	86	566	
84	73		

图 4-44　填充结果

（5）单击"保存"按钮。

 知识拓展

1．公式

公式的语法为"=表达式"。

表达式是操作数和运算符的集合。

2．运算符

运算符有算术运算符、文本运算符、比较运算符、逻辑运算符和引用运算符。

1）算术运算符

算术运算符有负号（–）、百分号（%）、乘方（^）、乘号（*）和除号（/）、加号（+）和减号（–）。

上述运算符的优先级为从高到低。

例如，公式"=5/5%"的运算结果为 100，公式"=（5+2^3）/2+1"的运算结果为 7.5。

2）文本运算符

文本运算符只有一个，就是"&"。

"&"的作用是将两个文本连接起来产生一个连续的文本。

3）比较运算符

比较运算符有等于号（=）、小于号（<）、大于号（>）、小于或等于号（<=）、大于或等于号（>=）、不等于号（<>）。

比较运算的结果是一个逻辑值：TRUE 或 FALSE。TRUE：比较的条件成立；FALSE：比较的条件不成立。

4）逻辑运算符

逻辑运算符有 AND、OR、NOT、IF、TRUE、FALSE。

5）引用运算符

引用运算符的功能是产生引用。引用运算符有冒号（:）、逗号（,）、空格和感叹号（!），使用引用运算符可以将单元格区域合并计算。

（1）冒号。

冒号是区域运算符，对以左、右两个引用的单元格为对角的矩形区域内的所有单元格进行引用。

（2）逗号。

逗号是合并运算符，将多个引用合并为一个引用。

（3）空格。

空格是交叉运算符，取引用区域的公共部分。

（4）感叹号。

感叹号是三维引用运算符，可以引用另一个工作表中的数据，表示形式为"工作表名！单元格引用区域"。

3．班级排名的实现

（1）由于有 25 个学生参加班级排名，因此选择 A3：J27 单元格区域，选择"数据"→"排序和筛选"→"排序"命令，如图 4-45 所示。

（2）若希望按总分由高到低排序，则在弹出的"排序"对话框的"主要关键字"下拉列表中选择"总分"选项，在"排序依据"下拉列表中选择"单元格值"选项，在"次序"下拉列表中选择"降序"选项，单击"确定"按钮，如图 4-46 所示。

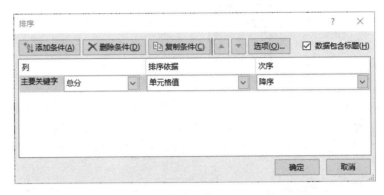

图 4-45　选择"排序"命令　　　　　　　图 4-46　设置排序选项

（3）按总分由高到低排序的效果如图 4-47 所示。

学号	姓名	政治	英语	数学	Web应用开发	软件项目的开发与管理	操作系统	数据库开发	总分	班级排名
2143613118	伊学慧	95	81	97	95	95	89	84	636	
2143613106	贾国强	90	85	92	93	83	82	85	610	
2143613110	刘红刚	90	89	79	89	86	87	89	609	
2143613121	张文萍	71	76	93	97	93	92	79	601	
2143613120	张文涵	93	92	73	95	85	85	68	591	
2143613108	李思	84	67	87	97	78	96	78	587	
2143613101	毕媛媛	89	78	79	93	77	78	83	577	
2143613115	苏冉冉	65	68	85	84	89	95	91	577	
2143613122	赵淳伟	70	83	94	85	74	91	79	576	
2143613107	李杰	72	76	93	88	78	78	84	569	
2143613112	刘佳涛	72	71	83	82	87	85	86	566	
2143613113	刘勇	76	64	84	97	87	84	73	565	
2143613111	刘红艳	83	72	74	84	93	73	79	558	
2143613104	郝贵丽	80	87	74	73	84	74	85	557	
2143613119	占力军	73	72	87	85	83	86	69	555	
2143613105	何德苗	68	95	84	89	58	70	82	546	
2143613117	吴先念	81	83	69	79	70	85	70	537	
2143613116	孙亚男	70	48	77	83	85	79	93	535	
2143613125	周创业	78	68	58	74	73	89	89	529	
2143613123	赵思杰	65	52	85	79	94	85	59	519	
2143613109	李武建	54	65	74	68	73	83	95	512	
2143613102	代静雨	72	79	59	70	69	82	79	510	
2143613124	郑志和	58	65	75	69	88	83	62	500	
2143613103	戴斯用	75	86	69	62	75	79	49	495	
2143613114	路勇	56	58	68	69	87	69	74	481	

21程序331班级期末成绩分析表

图 4-47　按总分由高到低排序的效果

（4）下面给每个学生排名，在 K3 单元格中输入"1"（表示排名为第一），同时在 K4 单元格中输入"2"，选择 K3：K4 单元格区域，如图 4-48 所示。将鼠标指针移动到 K4 单元格右下方，通过自动填充功能，输出每个学生的排名，如图 4-49 所示。

图 4-48 选择 K3：K4 单元格区域

图 4-49 输出排名

✔ **应用技巧**：输出排名也可以通过前面介绍的等差序列数据的填充方法实现。在 K3 单元格中输入"1"，选择 K3：K27 单元格区域，单击"开始"选项卡的"编辑"组中的"填充"下拉按钮，在弹出的下拉菜单中选择"序列"命令，弹出"序列"对话框，如图 4-50 所示。

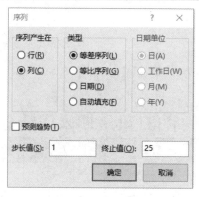

图 4-50 "序列"对话框

（5）至此，班级排名基本实现。若希望数据仍按学号从小到大排序，则可以通过上述方法，在弹出的"排序"对话框中，进行如图 4-51（a）所示的设置。由于学号是由数值组成的，因此单击"排序"对话框中的"确定"按钮之后会弹出如图 4-51（b）所示的"排序提醒"对话框，选中"分别将数字和以文本形式存储的数字排序"单选按钮，单击"确定"按钮即可。

（a）"排序"对话框

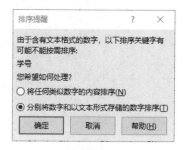

（b）"排序提醒"对话框

图 4-51 按学号从小到大排序

（6）按学号从小到大排序的效果如图 4-52 所示。

21程序331班级期末成绩分析表

学号	姓名	政治	英语	数学	Web应用开发	软件项目的开发与管理	操作系统	数据库开发	总分	班级排名
2143613101	毕媛媛	89	78	79	93	77	78	83	577	7
2143613102	代静雨	72	79	59	70	69	82	79	510	22
2143613103	戴斯用	75	86	69	62	75	79	49	495	24
2143613104	郝贵丽	80	87	74	73	84	74	85	557	14
2143613105	何德苗	68	95	84	89	58	70	82	546	16
2143613106	贾国强	90	85	92	93	83	82	85	610	2
2143613107	李杰	72	76	93	88	78	78	84	569	10
2143613108	李思	84	67	87	97	78	96	78	587	6
2143613109	李武建	54	65	74	68	73	83	95	512	21
2143613110	刘红刚	90	89	79	89	86	87	89	609	3
2143613111	刘红艳	83	72	74	84	93	73	79	558	13
2143613112	刘佳涛	72	71	83	82	87	85	86	566	11
2143613113	刘勇	76	64	84	97	87	84	73	565	12
2143613114	路勇	56	58	68	69	87	69	74	481	25
2143613115	苏再再	65	68	85	84	89	95	91	577	8
2143613116	孙亚男	70	48	77	83	85	79	93	535	18
2143613117	吴先念	81	83	69	79	70	85	70	537	17
2143613118	伊学慧	95	81	97	95	95	89	84	636	1
2143613119	占力军	73	72	87	85	83	86	69	555	15
2143613120	张文涵	93	92	73	95	85	85	68	591	5
2143613121	张文萍	71	76	93	97	93	92	79	601	4
2143613122	赵淳伟	70	83	94	85	74	91	79	576	9
2143613123	赵思杰	65	52	85	79	94	85	59	519	20
2143613124	郑志和	58	65	75	69	88	83	62	500	23
2143613125	周创业	78	68	58	74	73	89	89	529	19

图 4-52　按学号从小到大排序的效果

（7）单击"保存"按钮。

4. 不及格数据显著标记的实现

将低于 60 分的成绩用红色进行区分。

（1）选择 A2 单元格（一般只要选择表头的任意一个单元格即可）。

（2）选择"数据"→"排序和筛选"→"筛选"命令，如图 4-53 所示。

不及格数据显著
标记的实现

图 4-53　选择"筛选"命令

（3）自动筛选后，表头的每个单元格右下方会出现筛选按钮▽，效果如图 4-54 所示。

21程序331班级期末成绩分析表

学号 ▽	姓名 ▽	政治 ▽	英语 ▽	数学 ▽	Web应用开发 ▽	软件项目的开发与管1 ▽	操作系统 ▽	数据库开发 ▽	总分 ▽	班级排↑ ▽
2143613101	毕媛媛	89	78	79	93	77	78	83	577	7

图 4-54　自动筛选效果

（4）单击 C2 单元格右下方的筛选按钮，在弹出的下拉列表中选择"数字筛选"→"小于"选项，如图 4-55 所示。

图 4-55 选择"小于"选项

（5）在弹出的"自定义自动筛选方式"对话框中，选择"小于"选项，并输入"60"，单击"确定"按钮，如图 4-56 所示。

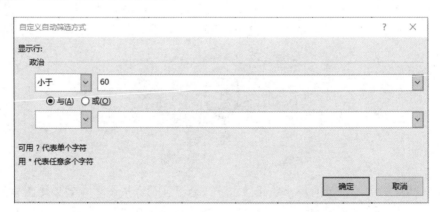

图 4-56 "自定义自动筛选方式"对话框

（6）此时，显示出"政治"分数不及格的数据，如图 4-57 所示。

（7）在"开始"选项卡的"字体"组中设置低于 60 分的数据的颜色为"红色"，并设置"加粗"，效果如图 4-58 所示。

（8）单击 C2 单元格右下方的筛选按钮，在弹出的下拉列表中选择"全部"选项。

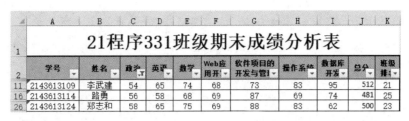

学号	姓名	政治	英语	数学	Web应用开	软件项目的开发与管I	操作系统	数据库开发	总分	班级排4
2143613109	李武建	54	65	74	68	73	83	95	512	21
2143613114	路勇	56	58	68	69	87	69	74	481	25
2143613124	郑志和	58	65	75	69	88	83	62	500	23

图 4-57　显示"政治"分数不及格的数据

学号	姓名	政治	英语	数学	Web应用开	软件项目的开发与管I	操作系统	数据库开发	总分	班级排4
2143613109	李武建	54	65	74	68	73	83	95	512	21
2143613114	路勇	56	58	68	69	87	69	74	481	25
2143613124	郑志和	58	65	75	69	88	83	62	500	23

图 4-58　数据格式的设置效果

（9）根据上述步骤依次对其他 6 门课程中不及格的数据进行筛选，分别用红色并加粗显示筛选结果。

（10）筛选的最终效果如图 4-59 所示。

学号	姓名	政治	英语	数学	Web应用开	软件项目的开发与管I	操作系统	数据库开发	总分	班级排4
2143613101	毕媛媛	89	78	79	93	77	78	83	577	7
2143613102	代静雨	72	79	59	70	69	82	79	510	22
2143613103	戴斯用	75	86	69	62	75	79	49	495	24
2143613104	郝贵丽	80	87	74	73	84	74	85	557	14
2143613105	何德苗	68	95	84	89	58	70	82	546	16
2143613106	贾国强	90	85	92	93	83	82	85	610	2
2143613107	李杰	72	76	93	88	78	78	84	569	10
2143613108	李思	84	67	87	97	78	96	78	587	6
2143613109	李武建	54	65	74	68	73	83	95	512	21
2143613110	刘红刚	90	89	79	89	86	87	89	609	3
2143613111	刘红艳	83	72	74	84	93	73	79	558	13
2143613112	刘佳涛	72	71	83	82	87	85	86	566	11
2143613113	刘勇	76	64	84	97	87	84	73	565	12
2143613114	路勇	56	58	68	69	87	69	74	481	25
2143613115	苏再再	65	68	85	84	89	95	91	577	8
2143613116	孙亚男	70	48	83	85	79	79	93	535	18
2143613117	吴先念	81	83	69	79	70	85	70	537	17
2143613118	伊学慧	95	81	97	95	95	89	84	636	1
2143613119	占力军	73	72	87	85	83	86	69	555	15
2143613120	张文涵	93	92	75	85	85	85	68	591	5
2143613121	张文萍	71	76	93	97	93	92	79	601	4
2143613122	赵淳伟	70	83	94	85	74	91	79	576	9
2143613123	赵思杰	65	52	85	79	94	85	59	519	20
2143613124	郑志和	58	65	75	69	88	83	62	500	23
2143613125	周创业	78	68	58	74	73	89	89	529	19

图 4-59　最终效果

（11）单击"保存"按钮。

> ☑ 应用技巧："成绩分析表效果图"工作表中不及格数据显著标记的实现方法比较烦琐，使用前面介绍的"条件格式"下拉按钮，是一个比较快捷的方法。
>
> ① 选择 C3：I27 单元格区域。
>
> ② 单击"开始"选项卡的"样式"组中的"条件格式"下拉按钮，在弹出的下拉菜单

中选择"突出显示单元格规则"→"小于"命令,如图 4-60(a)所示。

③ 在弹出的"小于"对话框左侧的文本框中输入"60",在右侧的"设置为"下拉列表中选择"自定义格式"选项,如图 4-60(b)所示。弹出"设置单元格格式"对话框,如图 4-60(c)所示。

（a）选择"小于"命令　　　　　　　　　　　　　　（b）"小于"对话框

（c）"设置单元格格式"对话框

图 4-60　设置条件格式

④ 单击"确定"按钮。

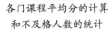

5．各门课程平均分的计算和不及格人数的统计

使用函数计算各门课程的平均分并统计各门课程的不及格人数。

1）使用 AVERAGE 函数计算各门课程的平均分

（1）在 A28 单元格中输入"平均分"。

（2）选择 C28 单元格，单击"公式"选项卡的"函数库"组中的

各门课程平均分的计算
和不及格人数的统计

"自动求和"下拉按钮，在弹出的下拉菜单中选择"平均值"命令，如图 4-61 所示。

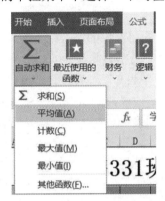

图 4-61　选择"平均值"命令

（3）按 Enter 键即可计算出"政治"课程的平均分，如图 4-62 所示。

21程序331班级期末成绩分析表

学号	姓名	政治	英语	数学	Web应用开发	软件项目的开发与管理	操作系统	数据库开发	总分	班级排名
2143613101	毕媛媛	89	78	79	93	77	78	83	577	7
2143613102	代静雨	72	79	59	70	69	82	79	510	22
2143613103	戴斯用	75	86	69	62	75	79	49	495	24
2143613104	郝贵丽	80	87	74	73	84	74	85	557	14
2143613105	何德苗	68	95	84	89	58	70	82	546	16
2143613106	贾国强	90	85	92	93	83	82	85	610	2
2143613107	李杰	72	76	93	88	78	78	84	569	10
2143613108	李思	84	67	87	97	78	96	78	587	6
2143613109	李武建	54	65	74	68	73	83	95	512	21
2143613110	刘红刚	90	89	79	89	86	87	89	609	3
2143613111	刘红艳	83	72	74	84	93	73	79	558	13
2143613112	刘佳涛	72	71	83	82	87	85	86	566	11
2143613113	刘勇	76	64	84	97	87	84	73	565	12
2143613114	路勇	56	58	68	69	87	69	74	481	25
2143613115	苏再再	65	68	85	84	89	95	91	577	8
2143613116	孙亚男	40	48	77	83	95	79	93	535	18
2143613117	吴先念	81	83	69	79	70	85	70	537	17
2143613118	伊学慧	95	81	97	95	95	89	84	636	1
2143613119	占力军	73	72	87	85	83	86	69	555	15
2143613120	张文涵	93	92	73	95	85	85	68	591	5
2143613121	张文萍	71	76	93	97	93	92	79	601	4
2143613122	赵淳伟	70	83	94	65	74	91	79	576	9
2143613123	赵思杰	65	52	85	79	94	85	59	519	20
2143613124	郑志和	58	65	75	69	88	83	62	500	23
2143613125	周创业	78	68	74	73	89	89	89	529	19
平均分		=AVERAGE(C3:C27)								
		AVERAGE(**number1**, [number2], ...)								

图 4-62　计算"政治"课程的平均分

（4）将鼠标指针移动到 C28 单元格右下方，通过自动填充功能，向右拖动填充柄至 I28

单元格。各门课程平均分的计算效果如图 4-63 所示。

25	2143613123	赵思杰	65	52	85	79	94	85	59	519	20
26	2143613124	郑志和	58	65	75	69	88	83	62	500	23
27	2143613125	周创业	78	68	58	74	73	89	89	529	19
28	平均分		75.2	74.4	79.68	83.16	81.76	83.16	78.56		
29											

图 4-63 各门课程平均分的计算效果

（5）单击"保存"按钮。

2）使用 COUNTIF 函数统计各门课程的不及格人数

（1）在 A29 单元格中输入"不及格人数"。

（2）选择 C29 单元格，单击"公式"选项卡的"函数库"组中的"自动求和"下拉按钮，在弹出的下拉菜单中选择"其他函数"命令，打开"插入函数"对话框。

（3）在"或选择类别"下拉列表中选择"统计"选项，在"选择函数"列表框中选择"COUNTIF"选项，单击"确定"按钮，如图 4-64 所示。

图 4-64 插入统计函数

说明：COUNTIF 函数的作用是统计满足给定条件的单元格数。

（4）在弹出的"函数参数"对话框中，设置"COUNTIF"选项组中的"Range"为"C3:C27"，也可以单击右侧的按钮来选择 C3：C27 单元格区域；设置"Criteria"为""<60""，单击"确定"按钮，如图 4-65 所示。

（5）此时，会在 C29 单元格中自动统计出"政治"课程成绩小于 60 分的人数。

（6）选择 C29 单元格，将鼠标指针移动到 C29 单元格右下方，通过自动填充功能，向右拖动填充柄至 I29 单元格，如图 4-66 所示。

图 4-65　设置函数参数

	A	B	C	D	E	F	G	H	I	J	K
	21程序331班级期末成绩分析表
2	学号	姓名	政治	英语	数学	Web应用开	软件项目的开发与管I	操作系统	数据库开发	总分	班级排I
25	2143613123	赵思杰	65	52	85	79	94	85	59	519	20
26	2143613124	郑志和	58	65	75	69	88	83	62	500	23
27	2143613125	周创业	78	68	58	74	73	89	89	529	19
28	平均分		75.2	74.4	79.68	83.16		81.76	83.16	78.56	
29	不及格人数		3								

C29　fx　=COUNTIF(C3:C27,"<60")

图 4-66　自动填充不及格人数

（7）各门课程不及格人数的统计效果如图 4-67 所示。

	A	B	C	D	E	F	G	H	I	J	K
	21程序331班级期末成绩分析表
2	学号	姓名	政治	英语	数学	Web应用开	软件项目的开发与管I	操作系统	数据库开发	总分	班级排I
25	2143613123	赵思杰	65	52	85	79	94	85	59	519	20
26	2143613124	郑志和	58	65	75	69	88	83	62	500	23
27	2143613125	周创业	78	68	58	74	73	89	89	529	19
28	平均分		75.2	74.4	79.68	83.16		81.76	83.16	78.56	
29	不及格人数		3	3	2	0		1	0	2	
30											

图 4-67　各门课程不及格人数的统计效果

（8）单击"保存"按钮。

知识拓展

1．Excel 2016 的帮助功能

Excel 2016 提供了很多非常实用的函数，学生不可能对每个函数的功能都了如指掌，可以利用 Excel 2016 的帮助功能了解每个函数的功能。

（1）选择"帮助"→"帮助"→"帮助"命令或直接按 F1 键，弹出"帮助"对话框。

（2）在"帮助"对话框的搜索框中输入"COUNTIF"，如图 4-68 所示。

（3）出现与 COUNTIF 函数相关的搜索结果，如图 4-69 所示。

（4）选择"COUNTIF 函数"选项，可以看到 COUNTIF 函数的具体解释。

图 4-68 "帮助"对话框

图 4-69 与 COUNTIF 函数相关的搜索结果

2．函数的应用

函数是一些预定义的公式。

函数的语法为：函数名(参数 1,参数 2,…)。

1）求和函数 SUM

格式：SUM(number1,number2,…)。

功能：返回参数对应数值之和。

2）求平均值函数 AVERAGE

格式：AVERAGE(number1,number2,…)。

功能：返回参数对应数值的算术平均数。

　　说明：该函数只对参数中的数值求平均值，若区域引用中包含了非数值数据，则 AVERAGE 函数不把它包含在内。

3）求最大值函数 MAX 和求最小值函数 MIN

格式：MAX(number1,number2,…)和 MIN(number1,number2,…)。

功能：求参数中对应数值的最大值和最小值。

4）取整函数 INT

格式：INT(number)。

功能：返回一个小于数值的最大整数。

5）四舍五入函数 ROUND

格式：ROUND(number,num_digits)。

功能：返回按指定位数四舍五入后的数值。

6）统计函数 COUNTIF

格式：COUNTIF(range,criteria)。

功能：统计给定区域中满足给定条件的单元格数量。

7）条件函数 IF

格式：IF(logical_test,value_if_true,value_if_false)。

功能：根据参数 logical_test 的不同值，返回不同的结果。若参数 logical_test 的值为真，则返回 value_if_true，否则返回 value_if_false。用户可以使用 IF 函数对数值和公式进行条件检测。

8）逻辑与函数 AND

格式：AND(logical1,logical2,…)。

功能：所有参数（最多 30 个）的逻辑值均为真时返回 TRUE，只要一个参数的逻辑值为假就返回 FALSE，这个操作被称为"与"操作。

9）逻辑或函数 OR

格式：OR(logical1,logical2,…)。

功能：所有参数（最多 30 个）中只要有一个参数的逻辑值为真就返回 TRUE，否则返回 FALSE，这个操作被称为"或"操作。OR 函数中参数的用法与 AND 函数中参数的用法相同。

10）逻辑非函数 NOT

格式：NOT(logical)。

功能：对参数取反。若参数的逻辑值为真则返回 FALSE；若参数的逻辑值为假则返回 TRUE，这个操作被称为"非"操作。NOT 函数中参数的用法与 AND 函数中参数的用法相同。

11）排位函数 RANK

格式：RANK(number,ref,[order])。

参数 number 表示需要找到排位的数值。

参数 ref 表示数字列表数组或对数字列表的引用，参数 ref 中的非数值型数据将被忽略。

参数 order 表示指明数值排位的方式。

功能：返回一个数值在数值列表中的排位。如果列表已排序，那么数值的排位就是它当前的位置。

12）指定条件的值求和函数 SUMIF

格式：SUMIF(range,criteria,sum_range)。

参数 range 表示条件区域，即用于条件判断的单元格区域。

参数 criteria 表示求和条件，即由数字、逻辑表达式等组成的判定条件。

参数 sum_range 表示实际求和区域，即需要求和的单元格、区域或引用。

13）多条件单元格求和函数 SUMIFS

格式：SUMIFS(sum_range,criteria_range1,criteria1,[criteria_range2,criteria2],...)。

参数 sum_range 表示需要求和的实际单元格。

参数 criteria_range1 表示计算关联条件的第一个区域。

参数 criteria1 表示条件 1，条件的形式为数字、表达式、单元格引用或文本，用来定义将对参数 criteria_range1 中的哪些单元格求和，如条件可以表示为 32、>32、B4、苹果、32。

参数 criteria_range2 表示计算关联条件的第二个区域。

参数 criteria2 表示条件 2，和参数 criteria_range2 成对出现。最多可以输入 127 个区域或条件对。

14）指定条件求平均值函数 AVERAGEIF

格式：AVERAGEIF(range,criteria,[average_range])。

参数 range 为必选项，表示要计算平均值的一个或多个单元格，包含数值或包含数值的名称、数组、引用。

参数 criteria 为必选项，形式为数值、表达式、单元格引用或文本的条件，用来定义计算平均值的单元格，如条件可以表示为 32、"32"、">32"、"苹果"或 B4。

参数 average_range 为可选项，表示计算平均值的实际单元格组。若省略，则使用参数 range。

15）多重条件所有单元格的平均值函数 AVERAGEIFS

格式：AVERAGEIFS(average_range,criteria_range1,criteria1,[criteria_range2,criteria2],...)。

参数 average_range 表示求平均值的区域，即参与计算平均值的单元格。

参数 criteria_range1 和 criteria_range2 表示条件区域，即条件所在范围。

参数 criteria1 和 criteria2 表示条件，用来定义计算平均值的单元格，可以是数值、表达式、单元格引用或文本，如条件可以表示为 10、>12、上海发货平台或 C2。

16）纵向查找函数 VLOOKUP

格式：VLOOKUP(lookup_value,table_array,col_index_num,[range_lookup])。

参数 lookup_value 表示需要在表格第一列中进行查找的数据，可以为数值、引用或文本。当 VLOOKUP 函数的第一个参数省略查找值时，表示用 0 查找。

参数 table_array 表示需要在其中查找数据的表格。

参数 col_index_num 表示在 table_array 中查找数据的数据列序号。当 col_index_num 为 1 时，返回 table_array 第一列的数值；当 col_index_num 为 2 时，返回 table_array 第二列的数值，以此类推。如果 col_index_num 小于 1，那么 VLOOKUP 函数返回错误值#VALUE!；如果 col_index_num 大于 table_array 的列数，那么 VLOOKUP 函数返回错误值#REF!。

参数 range_lookup 为一个逻辑值，用于指明 VLOOKUP 函数在查找时是精确匹配还是近似匹配。若为 FALSE 或 0，则返回精确匹配值，如果找不到，那么返回错误值#N/A。若为 TRUE 或 1，则查找近似匹配值，也就是说，如果找不到精确匹配值，那么返回小于 lookup_value 的最大值。注意，VLOOKUP 函数在进行近似匹配时的查找规则是从第一个值开始匹配的，若没有匹配到一样的值则继续与下一个值进行匹配，直到遇到大于查找值的值，此时返回上一个值（在近似匹配时应对查找值所在列进行升序排列）。如果 range_lookup 被省略，那么默认值为 1。

能力拓展

1. 使用公式计算差旅费的合计数

（1）新建一个工作簿，在 Sheet1 工作表的 A1：E6 单元格区域根据图 4-70 所示的内容建立一个表格。

	A	B	C	D	E
1	2000 年 4 月差旅费一览表				
2	起止地点	交通费	住宿费	补助	合计数
3	北京—上海	650	212	120	
4	上海—甘肃	1200	315	600	
5	北京—四川	1100	132	300	
6	北京—哈尔滨	880	225.5	350	

图 4-70　2000 年 4 月差旅费一览表

（2）在 E3 单元格中利用公式计算出北京—上海的差旅费的合计数（合计数=交通费+住宿费+补助）。

（3）将该公式复制到 E4 单元格、E5 单元格、E6 单元格中，分别计算出北京—甘肃、北京—四川、北京—哈尔滨的差旅费的合计数。

2. 使用函数计算移动电话价格

（1）新建一个工作簿，在 Sheet1 工作表的 A1：E6 单元格区域根据图 4-71 所示的内容建立一个表格。

	A	B	C	D	E
1	全球通移动电话信息				
2	公司	型号	裸机价	入网费	全套价
3	诺基亚	N6110	1367.00	890.00	
4	摩托罗拉	CD928	2019.00	900.00	
5	爱立信	GH398	1860.00	980.00	
6	西门子	S1088	1730.00	870.00	
7	平均价				

图 4-71　全球通移动电话信息

（2）在 E 列中利用 SUM 函数求出各款手机的全套价。

（3）分别在 C7 单元格、D7 单元格中利用 AVERAGE 函数计算出手机的平均裸机价、平均入网费，在 E7 单元格中利用 MIN 函数计算出各款手机的最低全套价。

任务 4　Excel 数据可视化分析

任务描述

本任务主要介绍如何利用图表功能，直观地显示各门课程不及格人数的分布情况，以及对于已完成的"成绩分析表.xls"工作簿，为防止他人对数据进行删除等操作，如何进行工作簿和工作表的二级保护。

技术分析

  ◇　创建和编辑图表
  ◇　保护工作簿和工作表

任务实现

1. 各门课程不及格人数图表的实现

1）创建图表

创建图表

（1）打开"成绩分析表.xlsx"工作簿，选择 C2：I2 单元格区域和 C29：I29 单元格区域。

（2）单击"插入"选项卡的"图表"组中的"插入柱形图"下拉按钮，在弹出的下拉菜单中选择"二维柱形图"→"簇状柱形图"命令，如图 4-72 所示。此时，在"成绩分析表效果图"工作表中插入了一个图表，如图 4-73 所示。

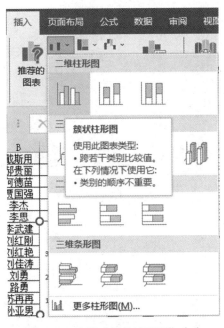

图 4-72　选择"簇状柱形图"命令

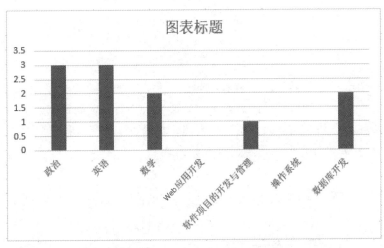

图 4-73　不及格人数分析效果图

☑ **应用技巧**：单击"插入"选项卡的"图表"组右下方的按钮（见图 4-74），打开"插入图表"对话框，如图 4-75 所示。选择"簇状柱形图"选项，单击"确定"按钮，也可以插入图表。

图 4-74　"图表"组

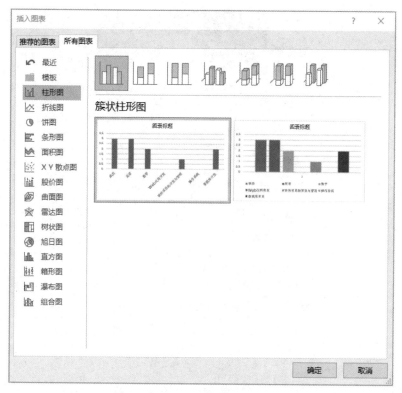

图 4-75 "插入图表"对话框

说明：图表指将数据用图形来表现的一种形式，用以直观地显示数据。Excel 2016 内置了 15 种图表，分别为柱形图，折线图，饼图，条形图，面积图，X、Y 散点图，股价图，曲面图，雷达图，树状图，旭日图，直方图，箱形图，瀑布图和组合图。用户可以根据需要查看的原始数据的特点来选用不同种类的图表。

2）编辑图表

创建图表后，在默认的图表不能满足实际操作的需要时，用户可以根据自己的需要对图表进行编辑。

（1）移动、复制和调整图表。

在当前工作表中移动图表非常简单，只要把鼠标指针置于图表区，按住鼠标左键并拖动即可。在按住鼠标左键的同时按住 Ctrl 键并拖动能够实现图表的复制。

要把图表作为一个单独的图表工作表，应单击图表区，选择"图表工具/图表设计"→"位置"→"移动图表"命令，弹出"移动图表"对话框，选中"新工作表"单选按钮，单击"确定"按钮即可，如图 4-76 和图 4-77 所示。

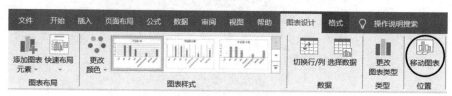

图 4-76 选择"移动图表"命令

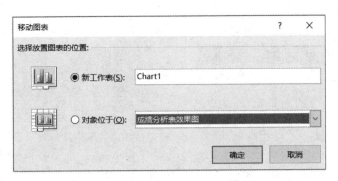

图 4-77　"移动图表"对话框

要调整图表，只需要将鼠标指针置于图表的控制点上，按住鼠标左键并拖动即可。

（2）添加和删除图表中的数据。

单击图表区，选择"图表工具/图表设计"→"数据"→"选择数据"命令，弹出"选择数据源"对话框，如图 4-78 和图 4-79 所示。

在"图表数据区域"文本框中重新输入数据源，或直接单击右侧的按钮进行数据区域的选择，单击"确定"按钮即可。

图 4-78　"数据"组

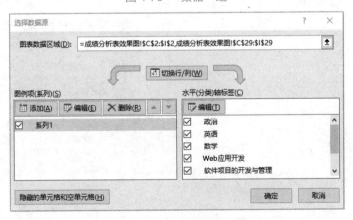

图 4-79　"选择数据源"对话框

（3）设置图表布局样式。

① 使用预设的图表布局样式。

单击图表区，在"图表工具/图表设计"选项卡的"图表布局"组中单击"快速布局"下拉按钮，在弹出的下拉菜单中选择一种布局样式，如选择"布局 3"样式，如图 4-80 所示。

② 添加图表标题。

单击图表区，在"图表工具/图表设计"选项卡的"图表布局"组中单击"添加图表元素"

下拉按钮，在弹出的下拉菜单中选择"图表标题"→"图表上方"命令，如图 4-81 所示。

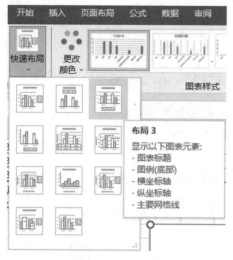

图 4-80　选择"布局 3"样式

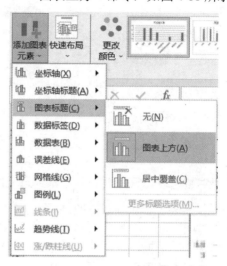

图 4-81　添加图表标题

③ 添加坐标轴标题。

单击图表区，在"图表工具/图表设计"选项卡的"图表布局"组中单击"添加图表元素"下拉按钮，在弹出的下拉菜单中选择"坐标轴标题"→"主要横坐标轴"命令，如图 4-82 所示。

④ 设置图例。

单击图表区，在"图表工具/图表设计"选项卡的"图表布局"组中单击"添加图表元素"下拉按钮，在弹出的下拉菜单中选择"图例"→"右侧"命令，如图 4-83 所示。

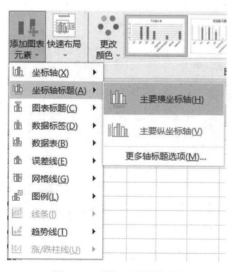

图 4-82　添加坐标轴标题

图 4-83　设置图例

⑤ 添加数据标签。

单击图表区，在"图表工具/图表设计"选项卡的"图表布局"组中单击"添加图表元素"下拉按钮，在弹出的下拉菜单中选择"数据标签"→"数据标签外"命令，如图 4-84 所示。

（4）改变图表类型。

单击图表区，选择"图表工具/图表设计"→"类型"→"更改图表类型"命令，如图 4-85 所示。在弹出的"更改图表类型"对话框中选择"折线图"选项，在子图表类型中选择"带数据标记的折线图"选项，单击"确定"按钮，如图 4-86 所示。

改变图表类型

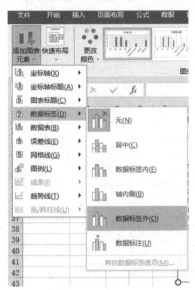

图 4-84　添加数据标签

图 4-85　选择"更改图表类型"命令

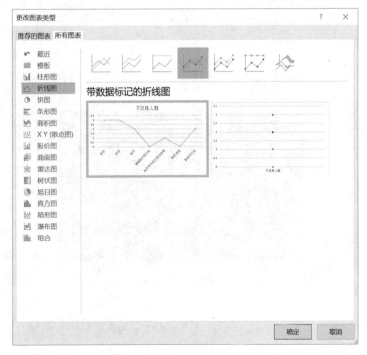

图 4-86　"更改图表类型"对话框

设置效果如图 4-87 所示。

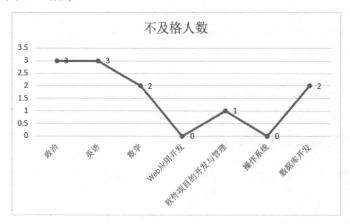

图 4-87　设置效果

（5）设置图表样式。

① 使用预设的图表样式。

使用 Excel 2016 预设的图表样式可以快速美化图表，使一个图表快速应用不同的颜色方案、阴影样式和边框等，具体操作步骤如下。

单击图表区，在"图表工具/图表设计"选项卡的"图表样式"组中选择一种图表样式，如选择"样式 12"样式，效果如图 4-88 所示。

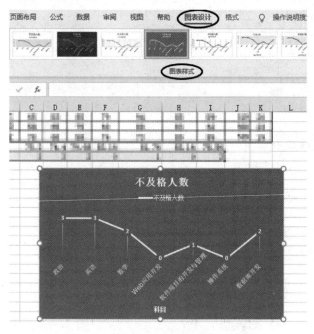

图 4-88　使用预设的图表样式的效果

② 更改图表区的背景。

单击图表区，在"图表工具/格式"选项卡的"形状样式"组中选择一种形状样式，如图 4-89 所示。

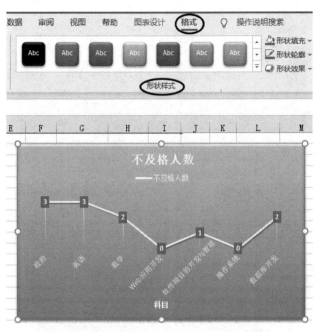

图 4-89　更改图表区的背景

③ 设置数据系列格式。

单击数据区域，在"图表工具/格式"选项卡的"形状样式"组中选择一种形状样式，如图 4-90 所示。

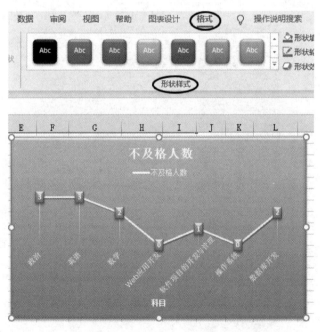

图 4-90　设置数据系列格式

④ 设置字符格式。

选择图表中的文字，在"图表工具/格式"选项卡的"艺术字样式"组中选择一种艺术字样式，如图 4-91 所示。

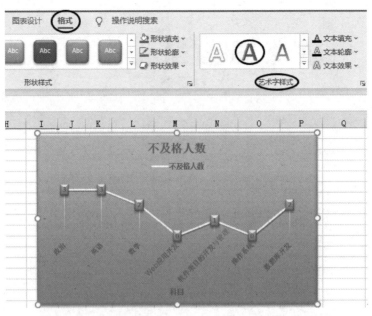

图 4-91 设置字符格式

数据保护的实现

2．数据保护的实现

1）保护工作簿

（1）打开"成绩分析表.xlsx"工作簿，选择"文件"→"信息"命令，在弹出的"信息"窗格中选择"保护工作簿"→"保护工作簿结构"选项，如图 4-92 所示。

图 4-92 选择"保护工作簿结构"选项

（2）在弹出的"保护结构和窗口"对话框中，勾选"结构"复选框，因为 Excel 2016 弃用了保护工作簿窗口，所以"窗口"复选框灰色显示，在"密码（可选）"文本框中输入密码（密码为 123456），单击"确定"按钮，如图 4-93 所示。

（3）在弹出的"确认密码"对话框的"重新输入密码"文本框中重新输入密码，单击"确定"按钮，如图 4-94 所示。至此，保护工作簿的设置完成。

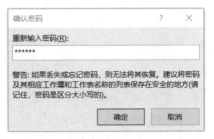

图 4-93　"保护结构和窗口"对话框　　　　图 4-94　"确认密码"对话框 1

✅ **应用技巧**：同理，选择"文件"→"信息"命令，在弹出的"信息"窗格中选择"保护工作簿"→"保护工作簿结构"选项，在弹出的"保护结构和窗口"对话框中输入密码，单击"确定"按钮，即可撤销保护工作簿的设置。

2）保护工作表

"成绩分析表效果图"工作表制作完成后，为了防止他人修改工作表中的数据，可以为工作表设置密码，从而保护工作表。

（1）打开"成绩分析表.xlsx"工作簿中的"成绩分析表效果图"工作表，选择"文件"→"信息"命令，在弹出的"信息"窗格中选择"保护工作簿"→"保护当前工作表"选项。

（2）在弹出的"保护工作表"对话框中，勾选"保护工作表及锁定的单元格内容"复选框，在"取消工作表保护时使用的密码"文本框中输入密码（密码为 123456），单击"确定"按钮，如图 4-95 所示。

（3）在弹出的"确认密码"对话框的"重新输入密码"文本框中重新输入密码，单击"确定"按钮，如图 4-96 所示。至此，保护工作表的设置完成。

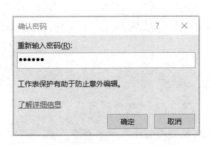

图 4-95　"保护工作表"对话框　　　　图 4-96　"确认密码"对话框 2

☑ **应用技巧**：同理，选择"文件"→"信息"命令，在弹出的"信息"窗格中选择"保护工作簿"→"保护当前工作表"选项，在弹出的"保护工作表"对话框中输入密码，单击"确定"按钮，即可撤销保护工作表的设置。

🔍 能力拓展

1. 编排与制作工资表

工资表需要根据各公司的特点，由公司财务部按照自己公司员工收入的构成来编排与制作。在编排工资表时通常会将所有需要发放的条目放在前面，并将所有需要扣除的条目放在后面。请根据下面的要求与提示完成工资表的编排与制作。

（1）全勤奖金为 50 元/月。

（2）迟到或早退除扣除全勤奖金外，另扣 50 元/次。

（3）各部门岗位工资分别如下。

财务部为 600 元；销售部为 1000 元；供应部为 700 元；生产部为 800 元；设计部为 900 元。

（4）住房补助、车费补助分别为基本工资的 20% 和 5%。

（5）养老保险、医疗保险、失业保险分别为基本工资的 7%、2% 和 1%。

工资表的原始数据如图 4-97 所示。

编号	姓名	性别	部门	工龄	基本工资	奖金	岗位工资	迟到或早退次数	通信补助	住房补助	车费补助	全勤奖金	应发金额	考勤扣款	养老保险	医疗保险	失业保险	实发金额	备注
1001	李洋	女	财务部	10	1500	300			100										
1002	肖晓松	女	销售部	8	1700	340		1	100										
1003	张佳怡	女	供应部	5	1500	250			100										
1004	李丹洋	女	生产部	1	1700	150		1	100										
1005	丁玲玲	女	设计部	2	1900	350		1	100										
1006	高湘源	女	供应部	8	1500	130			100										
1007	肖强	男	供应部	3	1500	230		2	100										
1008	于江源	男	销售部	3	1900	350		2	100										
1009	王佳奇	男	销售部	9	1900	420		1	100										
1010	李晓圆	男	设计部	5	1900	450			100										
1011	梁元江	男	设计部	2	1800	400		1	100										
1012	于思思	女	设计部	2	1900	450			100										
1013	韩仁惠	女	供应部	8	1500	130			100										
1014	柳笑生	男	供应部	3	1500	230		5	100										
1015	石七	男	销售部	9	1900	350		2	100										
1016	李刃平	男	销售部	9	1900	420		1	100										
1017	史将远	男	设计部	5	1900	450		1	100										
1018	范促中	男	设计部	2	1800	400			100										

图 4-97 工资表的原始数据

📋 **提示：**

（1）岗位工资的设置。

这里使用 IF 函数实现。

功能：判定是否满足某个条件，如果满足该条件那么返回第一个值，如果不满足该条件，那么返回第二个值。

格式：=IF(判定条件表达式,满足条件的返回值,不满足条件的返回值)。

要计算当前工资表中岗位工资应使用 IF 函数的嵌套实现。选择 H5 单元格，输入如下公式：

=IF(D5="财务部",600,IF(D5="销售部",1000,IF(D5="供应部",700,IF(D5=

"生产部",800,IF(D5="设计部",900)))))

（2）车费补助的设置。

车费补助为基本工资的 5%。提前在工作表的 L26 单元格中输入"5%"，在 K5 单元格中输入"=F5*L26"，求出第一个员工的车费补助，通过自动填充功能可以获得其他员工的车费补助，会发现结果是不正确的。

这里引用的 L26 单元格中的内容是一个固定值，固定被引用的单元格，若要用绝对引用代入计算公式，则应在 K5 单元格中输入"=F5*L26"，这样即可得到正确的结果。

工资表的最终效果如图 4-98 所示。

编号	姓名	性别	部门	工龄	基本工资	奖金	岗位工资	迟到或早退次数	通信补助	住房补助	车费补助	全勤奖金	应发金额	考勤扣款	养老保险	医疗保险	失业保险	实发金额	备注
1001	李洋	女	财务部	10	1500	300	600		100	300	75	50	2925		105	30	15	2775	
1002	肖晓松	女	销售部	8	1700	340	1000	1	100	340	85		3565	50	119	34	17	3345	
1003	张佳怡	女	供应部	5	1500	250	700		100	300	75	50	2975		105	30	15	2825	
1004	李丹洋	男	生产部	1	1700	150	800	1	100	340	85		3175	50	119	34	17	2955	
1005	丁玲玲	女	设计部	2	1900	350	900	1	100	380	95		3725	50	133	38	19	3485	
1006	高湘源	女	供应部	8	1500	130	700		100	300	75	50	2855		105	30	15	2705	
1007	肖强	男	供应部	3	1500	230	700	2	100	300	75		2905	100	105	30	15	2655	
1008	于江源	男	销售部	9	1900	450	1000	2	100	380	95		3925	100	133	38	19	3535	
1009	王佳宾	男	销售部	9	1900	420	1000	1	100	380	95		3895	50	133	38	19	3655	
1010	李晓圆	男	设计部	5	1900	450	900		100	380	95	50	3875		133	38	19	3685	
1011	梁元江	男	设计部	2	1800	400	900	1	100	360	90		3650	50	126	36	18	3420	
1012	于思惠	女	设计部	2	1900	450	900		100	380	95	50	3875		133	38	19	3685	
1013	韩仁惠	女	供应部	8	1500	130	700		100	300	75	50	2855		105	30	15	2705	
1014	柳笑生	男	供应部	3	1500	230	700	5	100	300	75		2905	250	105	30	15	2505	
1015	石七	男	销售部	9	1900	450	1000	2	100	380	95		3925	100	133	38	19	3535	
1016	李刃平	男	销售部	9	1900	420	1000	1	100	380	95		3895	50	133	38	19	3655	
1017	史将远	男	设计部	5	1900	450	900	1	100	380	95		3825	50	133	38	19	3585	
1018	范促中	男	设计部	2	1800	400	900		100	360	90	50	3700		126	36	18	3520	

图 4-98　工资表的最终效果

2. 实现商品销售明细清单的高级筛选

在 Excel 2016 中，数据的筛选包括自动筛选和高级筛选两种，它们有各自不同有应用范围。通过高级筛选可以更灵活地筛选信息，可以任意组合查询条件，弥补了自动筛选的不足。

从图 4-99 所示的商品销售明细清单的原始数据中，筛选出跑鞋的销售量大于 25 双，并且休闲鞋的销售量小于 18 双的所有记录。

商品销售明细清单

日期	单号	货品编码	货品名称	单位	颜色	数量	单价	折扣	折扣额	金额
2009/5/7	4025	2097	跑鞋	双	深蓝白	50	90	9	81	4050
2009/5/7	4025	2108	跑鞋	双	白深蓝	60	88	8.5	74.8	4488
2009/5/7	4025	5160	休闲鞋	双	深蓝白	20	70	9.5	66.5	1330
2009/5/7	4025	2139	休闲鞋	双	米黄	20	120	9.5	114	2280
2009/5/8	4025	2137	休闲鞋	双	米黄	20	120	9.5	114	2280
2009/5/8	4025	5181	休闲鞋	双	黑米黄	18	800	9.5	760	13680
2009/5/8	4031	5162	休闲鞋	双	黑银	40	120	9	108	4320
2009/5/9	4174	9023	帽子	顶	卡其	30	65	9	58.5	1755
2009/5/9	4184	838B	运动短裤	条	深蓝	11	45	9.5	42.75	470.25
2009/5/9	4140	2140	休闲鞋	双	米黄	20	110	9.5	104.5	2090
2009/5/9	4184	172B	运动裤	条	白	51	66	8.5	56.1	2861.1
2009/5/10	4185	2097	跑鞋	双	白深蓝	80	90	8	72	5760
2009/5/10	4185	5125	跑鞋	双	白深蓝	60	80	8	64	3840
2009/5/10	4185	5125	跑鞋	双	深蓝白	40	80	8	64	2560
2009/5/10	4185	5151	跑鞋	双	白酒红	20	80	8	64	1280
2009/5/10	4185	5152	跑鞋	双	黑深蓝	40	80	8	64	2560
2009/5/10	4185	5152	跑鞋	双	白宝蓝	20	80	8	64	1280
2009/5/10	4195	9005	新挂衣钩	个	不区分	6	12	9.5	11.4	68.4
2009/5/10	4185	5162	休闲鞋	双	白酒红	16	70	8	56	896
2009/5/10	4185	5162	休闲鞋	双	黑银	20	70	8	56	1120
2009/5/10	4185	2137	休闲鞋	双	白深蓝	14	100	7.5	75	1050
2009/5/11	4195	9011	靠墙架	套	不区分	3	20	9.5	19	57
2009/5/11	4195	9028	帽钩	个	不区分	1	18	9.5	17.1	17.1
2009/5/11	4195	9016	新间接衣杆	套	不区分	8	18	9.5	17.1	136.8
2009/5/11	4195	9015	新直接衣杆	套	不区分	1	10	9.5	9.5	9.5
2009/5/12	4195	9031	球托	个	不区分	1	9	9.5	8.55	8.55
2009/5/12	4195	9029	袜钩	个	不区分	1	6	9.5	5.7	5.7
2009/5/13	4323	K802	篮球	个	不区分	20	60	8.5	51	1020
2009/5/13	4251	1084	男T恤	件	卡其	24	70	8.5	59.5	1428
2009/5/13	4212	5152	跑鞋	双	白宝蓝	20	90	8	72	1440
2009/5/13	4250	2130	跑鞋	双	白浅月	60	98	8	78.4	4704
2009/5/13	4250	2124	休闲鞋	双	白红	20	100	8	80	1600
2009/5/13	4266	2123	休闲鞋	双	中灰深灰	20	80	8	64	1280
2009/5/13	4358	5184	休闲鞋	双	白深蓝	5	80	8	64	320

图 4-99　商品销售明细清单的原始数据（高级筛选）

提示：

（1）建立条件区域，设置满足题目要求的格式，在商品销售明细清单的空白处输入如图 4-100 所示的数据，这里使用 E39：F41 单元格区域。

货品名称	数量
跑鞋	>25
休闲鞋	<18

图 4-100　设置条件区域

（2）将商品销售明细清单的 A3：K3 单元格区域的内容复制到 A43：K43 单元格区域。

（3）选择条件区域后，选择"数据"→"排序和筛选"→"高级"命令，打开"高级筛选"对话框，进行如图 4-101 所示的设置。

图 4-101　"高级筛选"对话框

商品销售明细清单经过高级筛选的结果如图 4-102 所示。

	A	B	C	D	E	F	G	H	I	J	K
43	日期	单号	货品编码	货品名称	单位	颜色	数量	单价	折扣	折扣额	金额
44	2009/5/7	4025	2097	跑鞋	双	深蓝白	50	90	9	81	4050
45	2009/5/7	4025	2108	跑鞋	双	白深蓝	60	88	8.5	74.8	4488
46	2009/5/10	4185	2097	跑鞋	双	白深蓝	80	90	8	72	5760
47	2009/5/10	4185	5125	跑鞋	双	白深蓝	60	80	8	64	3840
48	2009/5/10	4185	5125	跑鞋	双	深蓝白	40	80	8	64	2560
49	2009/5/10	4185	5152	跑鞋	双	黑深蓝	40	80	8	64	2560
50	2009/5/10	4185	5162	休闲鞋	双	白酒红	16	70	8	56	896
51	2009/5/10	4185	2137	休闲鞋	双	白深蓝	14	100	7.5	75	1050
52	2009/5/13	4250	2130	跑鞋	双	白浅月	60	98	8	78.4	4704
53	2009/5/13	4358	5184	休闲鞋	双	白深蓝	5	80	8	64	320

图 4-102　商品销售明细清单经过高级筛选的结果

与自动筛选不同的是，在使用高级筛选时需要手动绘制条件区域，高级筛选中的条件区域允许根据复杂的条件进行筛选，筛选方式主要有以下 3 种。

① "与"条件筛选：表示必须同时满足 2 个或 2 个以上的条件。在绘制时要求条件按行排列。如上述案例中的条件是"与"关系。

② "或"条件筛选：表示几个条件中只要有一个满足即可。在绘制时要求条件按列排列。

③ "混合"条件筛选：表示"与"条件和"或"条件混合使用。在绘制时需要在条件区域将"与"关系按行排列，将"或"关系按列排列。

问题提出：

在上述商品销售明细清单的高级筛选的实现案例中，把高级筛选的条件区域设置成如图 4-103 所示的样式，重新进行筛选后，请观察筛选的结果。

日期	货品名称	数量
2009/5/10		
	休闲鞋	
		>15

图 4-103 高级筛选的应用

3．实现商品销售明细清单的分类汇总

在数据的分析处理中，分类汇总也是一个经常使用的功能。它可以对表格中不同逻辑的数据进行归类，并提供进一步的总结和统计等操作。Excel 2016 的这一功能在表格的分析中有着十分重要的作用，分类汇总的操作不但增加了表格的可读性，而且能更方便、快捷地获得需要的数据。

在图 4-104 所示的商品销售明细清单的原始数据中，通过分类汇总计算出每种商品的总销售量和每种商品的总销售金额。

商品销售明细清单

日期	单号	货品编码	货品名称	单位	颜色	数量	单价	折扣	折扣额	金额
2009/5/7	4025	2097	跑鞋	双	深蓝白	50	90	9	81	4050
2009/5/7	4025	2108	跑鞋	双	白深蓝	60	88	8.5	74.8	4488
2009/5/7	4025	5160	休闲鞋	双	深蓝白	20	70	9.5	66.5	1330
2009/5/7	4025	2139	休闲鞋	双	米黄	20	120	9.5	114	2280
2009/5/8	4025	2137	休闲鞋	双	米黄	20	120	9.5	114	2280
2009/5/8	4025	5181	休闲鞋	双	黑米黄	18	800	9.5	760	13680
2009/5/8	4031	5162	休闲鞋	双	黑银	40	120	9	108	4320
2009/5/9	4174	9023	帽子	顶	卡其	30	65	9	58.5	1755
2009/5/9	4184	838B	运动短裤	条	深蓝	11	45	9.5	42.75	470.25
2009/5/9	4140	2140	休闲鞋	双	米黄	20	110	9.5	104.5	2090
2009/5/9	4184	172B	运动裤	条	白	51	66	8.5	56.1	2861.1
2009/5/10	4185	2097	跑鞋	双	白深蓝	80	90	8	72	5760
2009/5/10	4185	5125	跑鞋	双	白深蓝	60	80	8	64	3840
2009/5/10	4185	5125	跑鞋	双	深蓝白	40	80	8	64	2560
2009/5/10	4185	5151	跑鞋	双	白酒红	20	80	8	64	1280
2009/5/10	4185	5152	跑鞋	双	黑深蓝	40	80	8	64	2560
2009/5/10	4185	5152	跑鞋	双	白宝蓝	20	80	8	64	1280
2009/5/10	4195	9005	新挂衣钩	个	不区分	6	12	9.5	11.4	68.4
2009/5/10	4185	5162	休闲鞋	双	白酒红	16	70	8	56	896
2009/5/10	4185	5162	休闲鞋	双	黑银	20	70	8	56	1120
2009/5/10	4185	2137	休闲鞋	双	白深蓝	14	100	7.5	75	1050
2009/5/11	4195	9011	靠墙架	套	不区分	3	20	9.5	19	57
2009/5/11	4195	9028	帽钩	个	不区分	1	18	9.5	17.1	17.1
2009/5/11	4195	9016	新间接衣杆	套	不区分	8	18	9.5	17.1	136.8
2009/5/11	4195	9015	新直接衣杆	套	不区分	1	10	9.5	9.5	9.5
2009/5/12	4195	9031	球托	个	不区分	1	9	9.5	8.55	8.55
2009/5/12	4195	9029	裤钩	个	不区分	1	6	9.5	5.7	5.7
2009/5/13	4323	K802	篮球	个	不区分	20	60	8.5	51	1020
2009/5/13	4251	1084	男T恤	件	卡其	24	70	8.5	59.5	1428
2009/5/13	4212	5152	跑鞋	双	白宝蓝	20	90	8	72	1440
2009/5/13	4250	2130	跑鞋	双	白浅月	60	98	8	78.4	4704
2009/5/13	4250	2124	休闲鞋	双	白红	20	100	8	80	1600
2009/5/13	4266	2123	休闲鞋	双	中灰深灰	20	80	8	64	1280
2009/5/13	4358	5184	休闲鞋	双	白深蓝	5	80	8	64	320

图 4-104 商品销售明细清单的原始数据（分类汇总）

提示：

（1）对货品名称按升序进行排列。将光标置于 D4 单元格中，选择"数据"→"排序和筛选"→"升序"命令。

在进行分类汇总前，一定要对数据进行排序。如果要对多个字段进行分类汇总，那么应先对相应的几个字段分别进行排序。

（2）选择 A3：K37 单元格区域，选择"数据"→"分级显示"→"分类汇总"命令，在弹出的"分类汇总"对话框中进行如图 4-105 所示的设置。

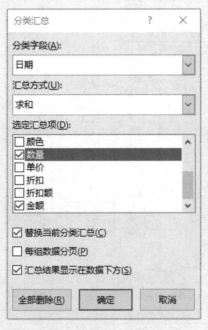

图 4-105　"分类汇总"对话框

商品销售明细清单经过分类汇总的结果如图 4-106 所示。

1 2 3		A	B	C	D	E	F	G	H	I	J	K
	1											
	2				商品销售明细清单							
	3	日期	单号	货品编码	货品名称	单位	颜色	数量	单价	折扣	折扣额	金额
+	8	2009/5/7 汇总						150				12148
+	12	2009/5/8 汇总						78				20280
+	17	2009/5/9 汇总						112				7176.35
+	28	2009/5/10 汇总						316				20414.4
+	33	2009/5/11 汇总						13				220.4
+	36	2009/5/12 汇总						2				14.25
+	44	2009/5/13 汇总						169				11792
-	45	总计						840				72045.4

图 4-106　商品销售明细清单经过分类汇总的结果

完成分类汇总后，在工作表左上方会出现 1、2、3 按钮，单击其中一个按钮即可打开或收缩分级数据，如果单击 3 按钮，那么可以看到每个商品销售明细。分级显示的结果如图 4-107 所示。

		A	B	C	D	E	F	G	H	I	J	K
	2	商品销售明细清单										
	3	日期	单号	货品编码	货品名称	单位	颜色	数量	单价	折扣	折扣额	金额
	4	2009/5/7	4025	2097	跑鞋	双	深蓝白	50	90	9	81	4050
	5	2009/5/7	4025	2108	跑鞋	双	白深蓝	60	88	8.5	74.8	4488
	6	2009/5/7	4025	5160	休闲鞋	双	深蓝白	20	70	9.5	66.5	1330
	7	2009/5/7	4025	2139	休闲鞋	双	米黄	20	120	9.5	114	2280
	8	2009/5/7 汇总						150				12148
	9	2009/5/8	4025	2137	休闲鞋	双	米黄	20	120	9.5	114	2280
	10	2009/5/8	4025	5181	休闲鞋	双	黑米黄	18	800	9.5	760	13680
	11	2009/5/8	4031	5162	休闲鞋	双	黑银	40	120	9	108	4320
	12	2009/5/8 汇总						78				20280
	13	2009/5/9	4174	9023	帽子	顶	卡其	30	65	9	58.5	1755
	14	2009/5/9	4184	838B	运动短裤	条	深蓝	11	45	9.5	42.75	470.25
	15	2009/5/9	4140	2140	休闲鞋	双	米黄	20	110	9.5	104.5	2090
	16	2009/5/9	4184	172B	运动裤	条	白	51	66	8.5	56.1	2861.1
	17	2009/5/9 汇总						112				7176.35
	18	2009/5/10	4185	2097	跑鞋	双	白深蓝	80	90	8	72	5760
	19	2009/5/10	4185	5125	跑鞋	双	白深蓝	60	80	8	64	3840
	20	2009/5/10	4185	5125	跑鞋	双	深蓝白	40	80	8	64	2560
	21	2009/5/10	4185	5151	跑鞋	双	白酒红	20	80	8	64	1280
	22	2009/5/10	4185	5152	跑鞋	双	黑深蓝	40	80	8	64	2560
	23	2009/5/10	4185	5152	跑鞋	双	白宝蓝	20	80	8	64	1280
	24	2009/5/10	4195	9005	新挂衣钩	个	不区分	6	12	9.5	11.4	68.4
	25	2009/5/10	4185	5162	休闲鞋	双	白酒红	16	70	8	56	896
	26	2009/5/10	4185	5162	休闲鞋	双	黑银	20	70	8	56	1120
	27	2009/5/10	4185	2137	休闲鞋	双	白深蓝	14	100	7.5	75	1050
	28	2009/5/10 汇总						316				20414.4
	33	2009/5/11 汇总						13				220.4
	34	2009/5/12	4195	9031	球托	个	不区分	1	9	9.5	8.55	8.55
	35	2009/5/12	4195	9029	袜钩	个	不区分	1	6	9.5	5.7	5.7
	36	2009/5/12 汇总						2				14.25
	37	2009/5/13	4323	K802	篮球	个	不区分	20	60	8.5	51	1020
	38	2009/5/13	4251	1084	男T恤	件	卡其	24	70	8.5	59.5	1428
	39	2009/5/13	4212	5152	跑鞋	双	白宝蓝	20	90	8	72	1440
	40	2009/5/13	4250	2130	跑鞋	双	白浅月	60	98	8	78.4	4704
	41	2009/5/13	4250	2124	休闲鞋	双	白红	20	100	8	80	1600
	42	2009/5/13	4266	2123	休闲鞋	双	中灰深灰	20	80	8	64	1280
	43	2009/5/13	4358	5184	休闲鞋	双	白深蓝	5	80	8	64	320
	44	2009/5/13 汇总						169				11792
	45	总计						840				72045.4

图 4-107 分级显示的结果

4. 实现第一季度销售量表的数据透视表

数据透视表是交互式报表，用于快速合并和比较大量数据。用户可以旋转其行和列以看到源数据的不同汇总，并且可以显示感兴趣区域的明细数据。数据透视表是一种动态工作表，提供了一种以不同要求查看数据清单的灵活方法。

根据图 4-108 所示的第一季度销售量表的原始数据制作数据透视表，按照产品规格和产地查询季度销售总量。

商品名称	规格	产地	单位	1月	2月	3月	总计
不锈钢板304L	0.7*1250*C	比利时	吨	74	79	59	212
不锈钢板316L	1.2*1270*C	瑞典	吨	15	9.1	15	39.1
不锈钢板304L	1.5*1250*C	芬兰/比利时	吨	4.71	1.76	9.21	15.68
不锈钢板304L	4*1500*C 2B	南非	吨	14	12.2	14	40.2
不锈钢板316L	6*1500*C 2B	芬兰	吨	14	15.3	14	43.3
不锈钢板316L	*1500*3000 2	芬兰	吨	35.9	33.9	35.9	105.7
不锈钢板316L	2*1000*1270*	瑞典/英国	吨	15.7	15.7	12.7	44.1
不锈钢板304L	5*1250-1270*	中国	吨	15	11	15	41
不锈钢板304L	3*1219*3860	比利时	吨	1.95	1.95	1.95	5.85
不锈钢板316L	3*1219*3048	中国	吨	22	9	22	53
不锈钢板316L	5*1524*3048	瑞典	吨	14.8	13	14.8	42.6
不锈钢板304L	1219*3000 NO	AST/比利时	吨	2.4	4.7	2.4	9.5
不锈钢板316L	4*1500*6000	比利时	吨	28.1	12.6	28.1	68.8
不锈钢板304L	5*1524*6000	瑞典	吨	1.2	7.3	2	10.5
不锈钢板316L	5*1500*6000	芬兰/比利时	吨	0.6	1.2	1.3	3.1
不锈钢板304L	3*1500*C	中国	吨	19	13.3	19	51.3
不锈钢板304L	4*1500*C	中国	吨	68	43	48	159

表标题：第一季度销售量表　公司名称：尚高不锈钢有限公司

图 4-108　第一季度销售量表的原始数据

💡提示：

（1）单击"插入"选项卡的"表格"组中的"数据透视表"下拉按钮，在弹出的下拉菜单中选择"表格和区域"命令，如图 4-109 所示。

（2）在"来自表格或区域的数据透视表"对话框中进行如图 4-110 所示的设置。

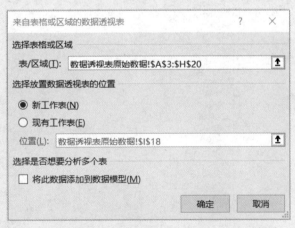

图 4-109　选择"表格和区域"命令　　　图 4-110　"来自表格或区域的数据透视表"对话框

单击"确定"按钮，打开"数据透视表字段"窗格，如图 4-111 所示。

将上述字段，根据要求分别拖曳到指定区域间，如图 4-112 所示。

图 4-111 "数据透视表字段"窗格

图 4-112 将字段拖曳到指定区域间

第一季度销售量表的数据透视表的效果如图 4-113 所示。

求和项:总计	列标签								
行标签	AST/比利时	比利时	芬兰/比利时	芬兰	南非	瑞典	瑞典/英国	中国	总计
⊟不锈钢板304L	9.5	217.85	15.68		40.2	10.5		251.3	545.03
0.7*1250*C		212							212
1.5*1250*C			15.68						15.68
2.5*1250-1270*C								41	41
3*1219*3000 NO.1	9.5								9.5
3*1219*3860		5.85							5.85
3*1500*C								51.3	51.3
4*1500*C								159	159
4*1500*C 2B					40.2				40.2
5*1524*6000						10.5			10.5
⊟不锈钢板316L		68.8	3.1	149		81.7	44.1	53	399.7
1.2*1270*C						39.1			39.1
2*1000*1270*C							44.1		44.1
2*1500*3000 2B				105.7					105.7
3*1219*3048								53	53
3.5*1524*3048 2B						42.6			42.6
4*1500*6000		68.8							68.8
5*1500*6000			3.1						3.1
6*1500*C 2B				43.3					43.3
总计	9.5	286.65	18.78	149	40.2	92.2	44.1	304.3	944.73

图 4-113 第一季度销售量表的数据透视表的效果

观察图 4-111 可以发现,数据透视表由 4 个部分组成,分别是报表筛选、列标签、行标签、数值。

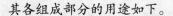

其各组成部分的用途如下。

① **报表筛选**：将一个字段移动到字段列表中的"报表筛选"区域，这样会同时将该字段移动到数据透视表中的"报表筛选"区域。

② **列标签**：在数据透视表中指定为列方向的源数据清单或表单中的字段。

③ **行标签**：包含多个行字段的数据透视表具有一个内部行字段，它距数据区域最近。任何其他行字段都是外部行字段。最外部行字段中的选项仅显示一次，其他行字段中的选项按需重复显示。

④ **数值**：提供要汇总的数值。通常，"数值"区域可以包含数值，可用 SUM 函数合并这些数值。但"数值"区域也可以包含文本，此时数据透视表使用 COUNT 函数。

模块 5 演示文稿处理软件 PowerPoint 2016

PowerPoint 2016 是用来制作演示文稿很常用的软件，也是 Microsoft Office 2016 办公套件的重要组件之一。使用它能够制作出集文字、图形、图像、音频、视频等多媒体元素于一体的演示文稿，以通过图文并茂且生动易懂的方式介绍公司的产品、展示自己的学术成果、进行多媒体教学等。

任务 1 制作演示文稿

任务描述

本任务主要介绍如何制作一个形象、直观的"项目汇报.pptx"演示文稿，供演讲者使用。通过对演示文稿中的文字、图形、图像、音频、视频等多媒体元素进行编辑，提高演示文稿整体的吸引力和感染力，进而优化播放演示的效果。

技术分析

✧ 启动和退出 PowerPoint 2016
✧ 认识 PowerPoint 2016 的工作界面
✧ 创建和保存演示文稿
✧ 输入并编辑文字
✧ 创建和删除幻灯片
✧ 更改幻灯片版式和插入艺术字

任务实现

1. 启动 PowerPoint 2016

单击"开始"按钮，在打开的"开始"菜单中，选择"Microsoft Office 2016"→"PowerPoint 2016"命令，启动 PowerPoint 2016。

☑️应用技巧：双击桌面上的 PowerPoint 2016 图标，也可以启动 PowerPoint 2016，这是快捷启动方式。

2. 退出 PowerPoint 2016

单击标题栏右侧的"关闭"按钮退出 PowerPoint 2016，也可以按组合键 Alt+F4 退出 PowerPoint 2016。

3. 认识 PowerPoint 2016 的工作界面

启动 PowerPoint 2016 后，展现在眼前的就是它的工作界面，如图 5-1 所示。

认识 Powerpoint 2016 的工作界面

图 5-1   PowerPoint 2016 的工作界面

PowerPoint 2016 的工作界面由标题栏、功能区、"幻灯片/大纲"窗格、幻灯片编辑区、"备注"窗格、状态栏等组成，其中许多命令的作用与 Word 2016 和 Excel 2016 类似。

（1）"幻灯片/大纲"窗格：用于显示演示文稿中幻灯片的数量及位置，通过它可以很方便地掌握整个演示文稿的结构。在"幻灯片"窗格中，将显示整个演示文稿中幻灯片的编号及缩略图；在"大纲"窗格中将显示当前演示文稿在各张幻灯片中的文本。

（2）幻灯片编辑区：整个 PowerPoint 2016 的工作界面的核心区域，用于显示和编辑幻灯片，在其中可以输入文字、插入图片和设置动画效果等，是制作演示文稿的操作平台。

（3）"备注"窗格：位于幻灯片编辑区下方，可供幻灯片制作者或演讲者查阅幻灯片信息，以及在播放演示文稿时对需要的幻灯片添加注释。

（4）状态栏：位于 PowerPoint 2016 的工作界面最下方，用于显示演示文稿中所选的幻灯片，以及幻灯片总张数、幻灯片采用的模板类型、视图切换按钮、页面显示比例等。

说明：为满足不同用户的需求，PowerPoint 2016 中提供了多种视图模式用于编辑或查看幻灯片。在"视图"选项卡的"演示文稿视图"组中选择任意一个视图命令，即可切换到相应的视图模式下。

① 普通视图：PowerPoint 2016 默认显示普通视图。在普通视图模式下，可以同时显示幻灯片编辑区、"幻灯片/大纲"窗格，以及"备注"窗格。它主要用于调整演示文稿的结构及编辑单张幻灯片中的内容。

② 大纲视图：在大纲视图模式下，可以在"大纲"窗格中编辑幻灯片并在其中跳转，还可以将大纲从 Word 2016 粘贴到"大纲"窗格中来轻松地创建整个演示文稿。

③ 幻灯片浏览视图：在幻灯片浏览视图模式下，可以浏览幻灯片在演示文稿中的整体结构和效果，此时不允许对单张幻灯片中的各个对象进行编辑，但允许在各张幻灯片之间进行编辑，如移动、删除、复制幻灯片等。

④ 备注页视图：在备注页视图模式下，可以查看演示文稿与备注一起打印的效果，每页中都将包含一张幻灯片。

⑤ 阅读视图：在阅读视图模式下，仅显示标题栏、阅读区和状态栏，可以浏览幻灯片中的内容。在该视图模式下，演示文稿中的幻灯片将以窗口大小进行放映。

4．创建演示文稿

创建演示文稿

启动 PowerPoint 2016 后，系统会自动创建一个空白演示文稿。此外，可以通过以下方式创建空白演示文稿。

（1）选择"文件"→"新建"命令，如图 5-2 所示。

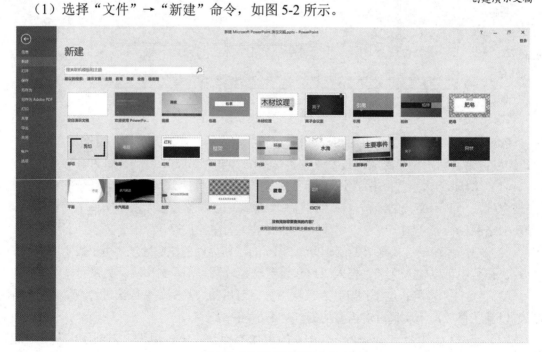

图 5-2 选择"新建"命令

（2）选择"空白演示文稿"选项，系统会自动创建一张空白演示文稿，如图 5-3 所示。

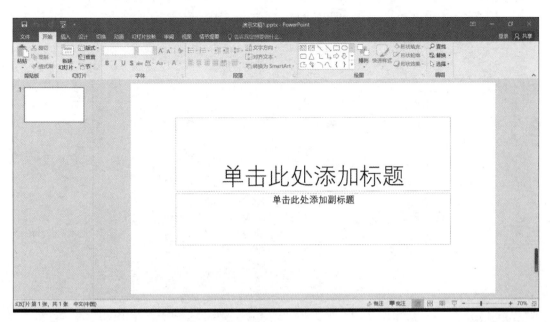

图 5-3　创建空白演示文稿

 知识拓展

为了满足各种办公需求，PowerPoint 2016 还提供了利用模板创建演示文稿、使用联机模板和主题创建演示文稿等创建演示文稿的方法。

1．利用模板创建演示文稿

启动 PowerPoint 2016 后，选择"文件"→"新建"命令，选择所需的模板，单击"创建"按钮，即可看到利用模板创建演示文稿的效果。

2．使用联机模板和主题创建演示文稿

如果 PowerPoint 2016 中自带的模板不能满足用户的需求，那么可以使用联机模板和主题创建演示文稿。其方法是选择"文件"→"新建"命令，在搜索框中输入想要搜索的联机模板和主题，并按 Enter 键确认，PowerPoint 2016 就会将所有符合所搜索关键词的联机模板和主题显示出来。

5．保存演示文稿

（1）选择"文件"→"另存为"命令，在右侧的"另存为"窗格中选择"浏览"选项，弹出"另存为"对话框，如图 5-4 所示。

（2）在"文件名"文本框中输入"项目汇报.pptx"，单击"保存"按钮，完成保存。

（3）保存文件后，会自动返回到 PowerPoint 2016 的工作界面，用户可以继续对演示文稿进行修改。

图 5-4 "另存为"对话框

☑应用技巧：保存文件的方法还有直接单击快速访问工具栏中的"保存"按钮，或按组合键 Ctrl+S。

6. 输入并编辑文字

（1）在"项目汇报.pptx"演示文稿中，单击占位符中的"单击此处添加标题"提示信息，出现如图 5-5 所示的界面，占位符中原来显示的文字被闪烁的光标代替，这时说明可以输入文字了。

输入并编辑文字

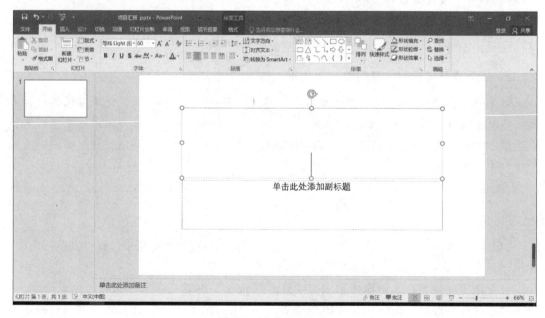

图 5-5 准备输入文字

说明：占位符指带有虚线边缘的框。它是为文本、图片等对象预留的位置。使用占位符可以像使用文本框一样进行调整。

（2）输入并选择主标题"基于安卓的云密码备份系统"，在"开始"选项卡的"字体"组中设置文字的字体为"黑体"，字号为"60"，"加粗"，颜色为"红色"。

（3）在"单击此处添加副标题"提示信息处单击，输入文字"汇报人：陈玲""项目组：移动软件开发项目组"，设置文字的字体为"楷体"，字号为"32 磅"，并添加"文字阴影"。

（4）将鼠标指针移动到文本框的边缘上，按住鼠标左键并拖动，使文本框移动到适当位置。幻灯片效果如图 5-6 所示。

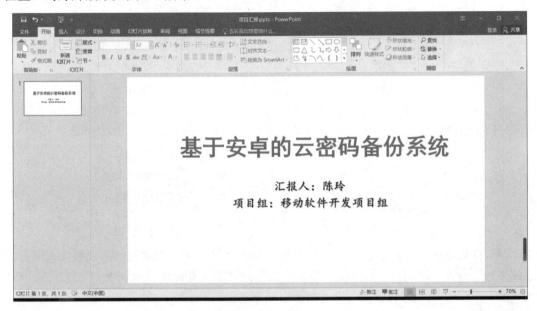

图 5-6　幻灯片效果

7. 创建和删除幻灯片

（1）单击"开始"选项卡的"幻灯片"组的"新建幻灯片"下拉按钮，在弹出的下拉菜单中选择所需幻灯片版式，如图 5-7 所示。此处选择"标题和内容"版式，完成第 2 张幻灯片的创建。

创建和删除幻灯片

说明：幻灯片版式指幻灯片中元素的布局，即幻灯片的组成内容，以及各组成内容之间的相互位置。PowerPoint 2016 为用户提供了"标题幻灯片""标题和内容""节标题""两栏内容"等共 11 种幻灯片版式，用户可以根据需要随时更改每张幻灯片的版式。

（2）设置第 2 张幻灯片标题的字体为"黑体"，字号为"44 磅"，颜色为"黑色"，"加粗"，对齐方式为"居中"。

（3）右击"幻灯片/大纲"窗格中的第 2 张幻灯片，在弹出的如图 5-8 所示的快捷菜单中选择"复制幻灯片"命令，完成第 3 张幻灯片的创建。依次插入 4 张幻灯片。同理，也可以通过快捷菜单删除幻灯片。

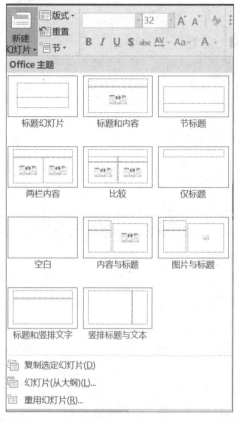

图 5-7 "新建幻灯片"下拉菜单　　　　　图 5-8 弹出的快捷菜单

（4）在第 2 张幻灯片中输入标题"摘要"。该页为摘要页，以浓缩的形式概括本项目的系统规划、设计及取得的主要成果，反映本项目的精华。设置摘要的字体为"楷体"，字号为"27 磅"，且为"1.5 倍行距"。

（5）在第 3 张幻灯片中输入标题"目录"。该页为目录页，在其下方的提示信息处输入各级目录。设置目录的字体为"楷体"，字号为"32 磅"，颜色为"黑色"。

（6）第 4 张幻灯片所在页为项目的正文页。

（7）在第 5 张幻灯片中输入标题"结束语"。该页为总结页，设置结束语的字体为"楷体"，字号为"27 磅"，且为"1.5 倍行距"。

8．更改幻灯片版式和插入艺术字

（1）插入的新幻灯片自动应用的都是系统默认的"标题和内容"版式。

更改幻灯片版式和插入艺术字

（2）选择第 6 张幻灯片，单击"开始"选项卡的"幻灯片"组中的"版式"下拉按钮，在弹出的下拉菜单中选择"空白"命令，完成幻灯片版式的更改。

（3）在第 6 张幻灯片中添加艺术字"致谢"，设置艺术字样式为"填充-白色，轮廓-着色 1，阴影"（第 1 行第 4 列），并设置字体为"楷体"，字号为"150 磅"，填充颜色为"红色"，在"形状效果"下拉菜单中选择"阴影"→"外部"→"向右偏移"命令，在"文本效果"下拉菜单中选择"转换"→"正方形"命令。具体步骤参照在 Word 2016 中插入艺术字的方法。

实现效果如图 5-9 所示。

图 5-9　实现效果

任务 2　演示文稿中多媒体元素的运用

任务描述

本任务主要介绍如何在幻灯片中插入联机图片和 SmartArt 图形、插入表格、插入音频或视频、绘制图形、为幻灯片添加动画效果和超链接，以修饰演示文稿，使演示文稿炫彩生动，使演示效果更好。

技术分析

◇　插入联机图片和 SmartArt 图形

◇　插入表格

✧　插入音频或视频

✧　绘制图形

✧　为幻灯片添加动作效果和超链接

任务实现

插入联机图片

1. 插入联机图片

打开"项目汇报.pptx"演示文稿，在第 3 张幻灯片中插入一个主题为书的联机图片，具体步骤参照在 Word 2016 中插入图片的方法。

2. 插入 SmartArt 图形

插入 SmartArt
图形

"SmartArt 图形"工具用于制作各种结构清晰的示意图，PowerPoint 2016 提供了多种图示类型，包括列表、流程、循环、层次结构、关系、矩阵等，可以根据不同的结构关系选择图示类型。

（1）在第 4 张幻灯片后插入一张新幻灯片，版式为"标题和内容"，输入标题"系统功能结构图"。

（2）选择"插入"→"插图"→"SmartArt"命令，打开"选择 SmartArt 图形"对话框，选择左侧的"层次结构"选项并选择中间的"组织结构图"选项，单击"确定"按钮，如图 5-10 所示。

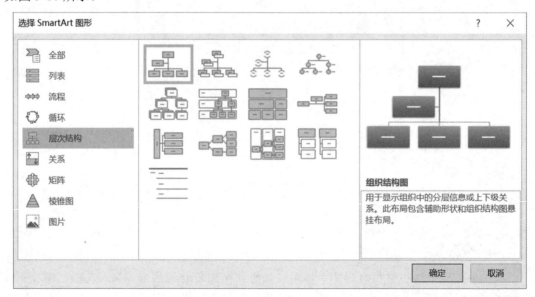

图 5-10　"选择 SmartArt 图形"对话框

（3）返回幻灯片编辑区，此时在内容占位符中将显示插入的组织结构图，如图 5-11 所示。

🔊 说明：组织结构图用来显示组织中的分层信息或上下级关系，但在初始创建时只是一个基本框架，其中的具体内容及样式只有根据具体情况进行编辑才能达到理想的效果。

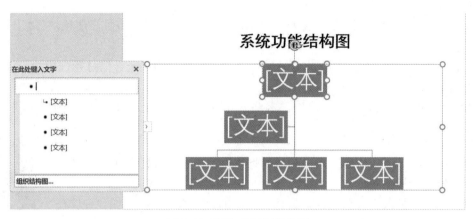

图 5-11 插入的组织结构图

（4）单击组织结构图最上方的文本框，输入"云密码备份系统"。

（5）删除第三层助理，在第二层的文本框中输入"注册登录模块"。

（6）选择"注册登录模块"文本框，单击"SmartArt 工具/SmartArt 设计"选项卡的"创建图形"组中的"添加形状"下拉按钮，在弹出的下拉菜单中选择"在后面添加形状"命令，如图 5-12 所示。重复此操作为此文本框添加 3 个形状，并输入相应的名称，即"私密内容模块""备忘模块""账号信息模块"。

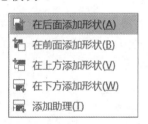

图 5-12 "添加形状"下拉菜单

（7）在"SmartArt 工具/SmartArt 设计"选项卡的"版式"组中，选择"标记的层次结构"版式，如图 5-13 所示。

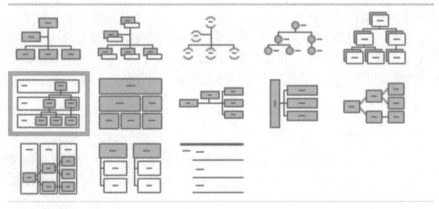

图 5-13 "版式"组

（8）在"注册登录模块"文本框下方添加两个形状，即"信息注册模块""用户登录模块"。

（9）在"账号信息模块"文本框下方添加两个形状，即"账号信息管理模块""用户密码管理模块"。

（10）在"账号信息管理模块"文本框下方添加四个形状，即"增""删""改""查"。

3. 插入表格

（1）在第 5 张幻灯片后插入一张新幻灯片，版式为"标题和内容"，输入标题"注册登录模块解析"。

插入表格、音频或视频

（2）单击"插入"选项卡的"表格"组中的"表格"下拉按钮，在弹出的下拉菜单中选择"插入表格"命令，插入一个 3 列 5 行的表格。

（3）在表格的各单元格中输入文字，调整字号，合并单元格。选择表格中的第 1 行，单击"表格工具/表设计"选项卡的"表格样式"组的"底纹"下拉按钮，在弹出的下拉菜单中选择需要填充的颜色，完成颜色的填充。

知识拓展

形象且直观的图表比文字、数据更容易让人理解，在幻灯片中插入图表可以使幻灯片的显示效果更加清晰。PowerPoint 2016 中附带了图表生成工具，提供了 15 种图表，每种图表又提供了多种子图表以满足不同用户的需求，使制作图表的过程更加简便。

在幻灯片中插入图表一般有两种情况：一种是为有图表占位符的幻灯片添加图表，直接单击"单击图表添加内容"提示信息即可；另一种是为无图表占位符的幻灯片添加图表，选择"插入"→"插图"→"图表"命令即可。无论使用哪种方式都会弹出"Microsoft PowerPoint 中的图表"对话框，系统给出示范数据的同时在幻灯片中插入图表。此时，用户可以按实际需求在单元格中输入相应的数据，随着数据的输入图表也随之发生变化。当然，也可以直接引用其他应用程序创建的表格数据作为创建图表的数据源，而不必重新输入数据。

> **说明：** 插入后的图表以位图方式呈现在幻灯片上，通过拖曳圆点句柄可以放大或缩小图表，直接双击图表可以再次对其进行编辑。选择"图表工具/图表设计"→"类型"→"更改图表类型"命令，可以更改图表类型，如改为条形图、饼图、折线图等；在"图表布局"组中可以更改图表的相关属性，如添加图表标题、坐标轴、数据标签、数据表等。

---

4. 插入音频或视频

在演示文稿中，只有文字说明会显得有些单调，如果插入一些音频或视频可以丰富演示文稿的内容，渲染演讲氛围。可以插入计算机中已有的音频或视频，也可以从剪辑管理器中挑选想要的音频或视频。

（1）选择第 1 张幻灯片。

（2）单击"插入"选项卡的"媒体"组中的"音频"下拉按钮，在弹出的下拉菜单中选择"PC 上的音频"命令，弹出"插入音频"对话框，如图 5-14 所示。在该对话框中，打开音频文件所在位置，选择所需的音频文件，单击"插入"按钮即可。

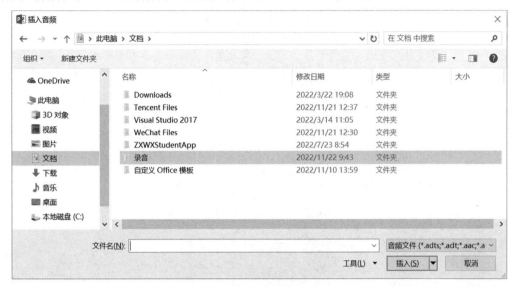

图 5-14　"插入音频"对话框

（3）返回幻灯片编辑区，此时幻灯片上出现小喇叭图标，表示音频插入成功，如图 5-15 所示。可以缩放小喇叭图标的大小，或任意移动其位置。

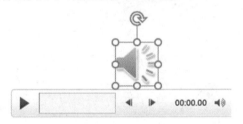

图 5-15　音频插入成功

（4）在"音频工具/播放"选项卡中，可以对音频的播放效果进行设置。这里勾选"循环播放，直到停止"复选框。

5．绘制图形

（1）选择第 4 张幻灯片，单击"插入"选项卡的"插图"组中的"形状"下拉按钮，弹出"形状"下拉菜单，如图 5-16 所示。

绘制图形、为幻灯片添加动画效果

（2）选择所需的形状命令，可以在幻灯片编辑区通过拖曳鼠标绘制图形。

6．为幻灯片添加动画效果

（1）在第 1 张幻灯片中选择标题"基于安卓的云密码备份系统"，单击"动画"选项卡的"高级动画"组中的"添加动画"下拉按钮，弹出"添加动画"下拉菜单，如图 5-17 所示。

（2）选择所需的动画效果命令，即可在幻灯片编辑区预览动画效果。如果在默认的命令中没有找到所需的动画效果命令，那么可以选择下拉菜单下方的命令。这里选择"更多进入效果"命令，在弹出的"添加进入效果"对话框中选择"盒状"选项，如图 5-18 所示。

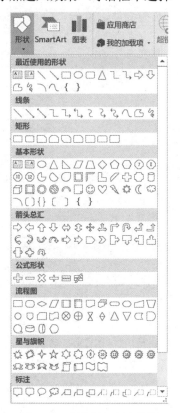

图 5-16 "形状"下拉菜单

图 5-17 "添加动画"下拉菜单

图 5-18 "添加进入效果"对话框

✅ **应用技巧：**

① 进入：用于设置幻灯片放映时对象进入放映界面的动画效果。

② 强调：用于设置需要强调的对象的动画效果。

③ 退出：用于设置幻灯片放映中对象退出放映界面的动画效果。

④ 动作路径：根据幻灯片放映的要求，设置对象放映的运动轨迹。

（3）选择"动画"→"高级动画"→"动画窗格"命令，在幻灯片编辑区右侧弹出"动画窗格"窗格，单击动画名右侧的下拉按钮，弹出如图 5-19 所示的下拉列表。

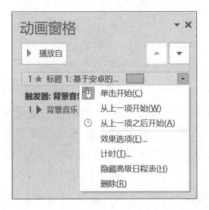

图 5-19　弹出的下拉列表

（4）选择"效果选项"选项，打开"盒状"对话框，在"效果"选项卡中选择"方向"下拉列表中的"切出"选项，选择"动画文本"下拉列表中的"按字母"选项，单击"确定"按钮，如图 5-20 所示。

图 5-20　"盒状"对话框

（5）返回幻灯片编辑区，选择文字"汇报人：陈玲""项目组：移动软件开发项目组"，添加"温和型"的"上浮"动画效果。选择"动画"→"高级动画"→"动画窗格"命令，在幻灯片编辑区右侧弹出"动画窗格"窗格，单击动画名右侧的下拉按钮，在弹出的下拉列表中选择"从上一项之后开始"选项；选择"效果选项"选项，在弹出的对话框的"计时"选项卡中，选择"期间"下拉列表中的"快速（1秒）"选项。

（6）将第 2 张幻灯片标题的动画效果设置为"百叶窗""从上一项之后开始""按字母""非常快（0.5秒）"。

（7）将第 2 张幻灯片内容的动画效果设置为"擦除""从上一项之后开始""慢速（3秒）"。

7. 为幻灯片添加超链接

为幻灯片添加超链接

幻灯片中的内容输入完成后，需要对其中的内容添加超链接，使其跳转到指定位置，如跳转到某张幻灯片、另一个演示文稿或某个 Internet 地址处。

（1）选中第 3 张幻灯片中的文字"一、系统需求分析"，选择"插入"→"链接"→"超链接"命令，打开"插入超链接"对话框。

> **说明**：在创建超链接时，起点可以是任何对象，如文本、图形等，如果图形中有文本，那么可以分别为图形和文本设置超链接。激活超链接的方式可以是单击或鼠标指针移过，通常采用单击的方式，鼠标指针移过的方式多用于提示。值得注意的是，只有在放映幻灯片时，超链接才能被激活。

（2）在"链接到"列表框中选择"本文档中的位置"选项，在"请选择文档中的位置"列表框中选择"4.一、系统需求分析"选项，单击"确定"按钮，如图5-21所示。

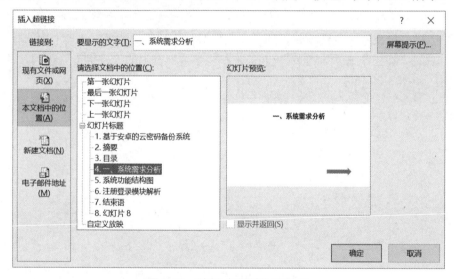

图 5-21 "插入超链接"对话框

（3）将文字"二、系统功能设计"超链接到幻灯片"5.系统功能结构图"处。

（4）将文字"三、系统功能实现"超链接到幻灯片"6.注册登录模块解析"处。

（5）将文字"五、总结"，超链接到幻灯片"7.结束语"处。

> **应用技巧**：在创建超链接后，用户可以根据需要随时编辑或更改超链接的对象。

① 编辑超链接：右击要编辑超链接的对象，在弹出的快捷菜单中选择"编辑超链接"命令，在弹出的"编辑超链接"对话框中修改超链接参数即可。

② 删除超链接：右击要删除超链接的对象，在弹出的快捷菜单中选择"取消超链接"命令即可。如果要将幻灯片中已添加超链接的对象和超链接到的对象同时删除，那么应在选择该对象后，按 Delete 键。

实现效果如图 5-22 所示。

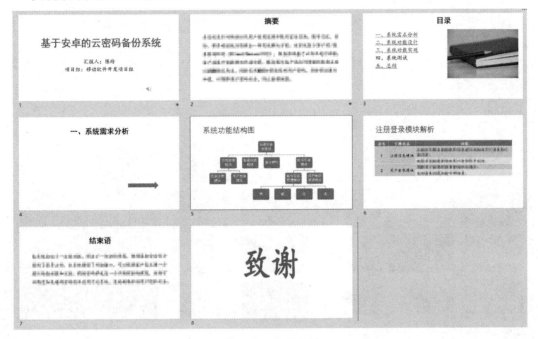

图 5-22　实现效果

任务 3　视觉化演示文稿

任务描述

本任务主要介绍如何设置主题、设置背景格式、编辑母版，以修饰演示文稿，使演示文稿在被展示时美观动感、效果生动。

技术分析

◇　设置主题和背景格式
◇　编辑母版

任务实现

设置主题

1. 设置主题

将使用 PowerPoint 2016 制作的演示文稿以画面的形式展示给人们，在 PowerPoint 2016

中可以通过使用主题，把各种颜色协调地搭配起来，使幻灯片有一致的颜色风格，以达到良好的视觉效果。演示文稿的主题是由背景、文本和线条、阴影、标题文本、填充、强调、强调文字和超链接等颜色搭配组成的。

（1）选择"设计"选项卡。

（2）单击"主题"组右下方的按钮，可以看到 PowerPoint 2016 中内置的 31 种标准主题，如图 5-23 所示。

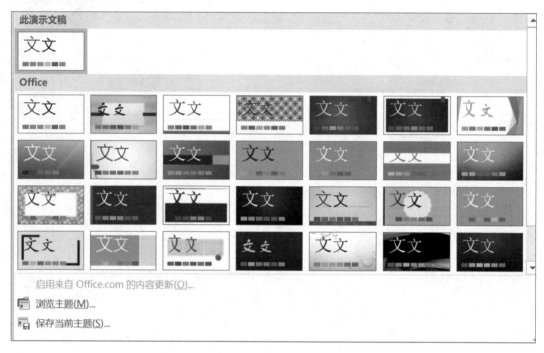

图 5-23 "主题"列表框

（3）将鼠标指针放到某种主题图标上片刻，即可在幻灯片编辑区预览该主题效果。

（4）直接选择主题图标，此处选择"水滴"主题图标，即可将其应用于演示文稿中的所有幻灯片上。

> 说明：对演示文稿应用了某种主题后，对应的 12 种主题颜色将自动应用于演示文稿中的每个对应的对象上，新创建的对象也会自动应用该主题的对应颜色。

（5）如果对内置的主题颜色不满意，那么可以单击"设计"选项卡的"变体"组右下方的按钮，在弹出的下拉菜单中选择"颜色"命令，弹出"颜色"下拉菜单，如图 5-24 所示。

（6）选择"自定义颜色"命令，弹出"新建主题颜色"对话框，如图 5-25 所示。在"主题颜色"选项组中显示了 12 种主题颜色，这 12 种主题颜色分别对应着演示文稿中 12 个对象的颜色。

（7）如单击"文字/背景-深色 1"下拉按钮，弹出如图 5-26 所示的下拉列表。

（8）选择某种颜色，返回到"新建主题颜色"对话框，完成颜色的更改。

（9）单击"保存"按钮，将自定义主题添加到自定义主题列表中，以备随时调用。

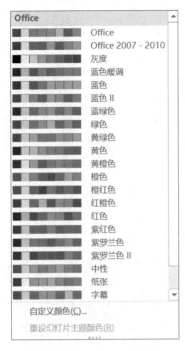

图 5-24　"颜色"下拉菜单

图 5-25　"新建主题颜色"对话框

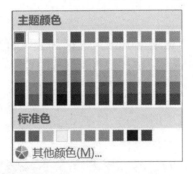

图 5-26　弹出的下拉列表

提示：自定义主题不仅可以添加，而且可以删除。右击需要删除的自定义主题，在弹出的快捷菜单中选择"删除"命令即可删除该自定义主题。

2. 设置背景格式

（1）选择第 1 张幻灯片，选择"设计"→"自定义"→"设置背景格式"命令，打开"设置背景格式"窗格。其中，"填充"选项组用于设置幻灯片背景填充的格式。

设置背景格式

（2）在"填充"选项组中，选中"渐变填充"单选按钮，如图 5-27 所示。单击"预设渐变"下拉按钮，在弹出的下拉列表中选择所需颜色，如图 5-28 所示；单击"类型"下拉按钮，在弹出的下拉列表中选择"线性"选项；选择某种渐变光圈，并单击"颜色"下拉按钮，在弹出的下拉列表中选择所需颜色，调整亮度与透明度。

（3）选择最后 1 张幻灯片，选中"图片或纹理填充"单选按钮，如图 5-29 所示。

图 5-27 选中"渐变填充"
单选按钮

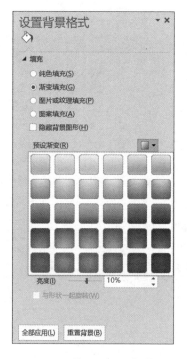

图 5-28 单击"预设渐变"
下拉按钮

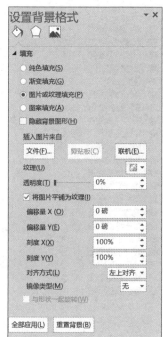

图 5-29 选中"图片或纹理
填充"单选按钮

（4）单击"插入图片来自"选项组中的"文件"按钮，弹出"插入图片"对话框，选择
需要的图片，单击"插入"按钮，完成图片背景格式的设置。

3. 编辑母版

（1）选择"视图"→"母版视图"→"幻灯片母版"命令，进入幻灯片母
版窗口，如图 5-30 所示。

编辑母版

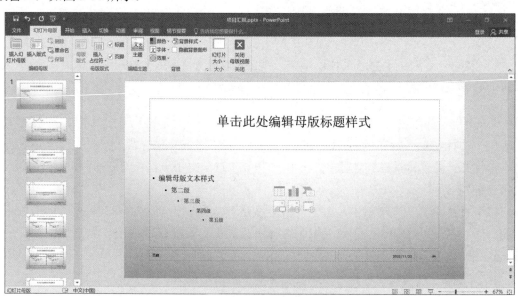

图 5-30 幻灯片母版窗口

（2）在"幻灯片/大纲"窗格中选择第 1 张幻灯片，在"单击此处编辑母版标题样式"提示信息处单击，输入文字"鹏程软件公司"，插入图片（公司 Logo），调整文字字号及图片位置。母版编辑效果如图 5-31 所示。

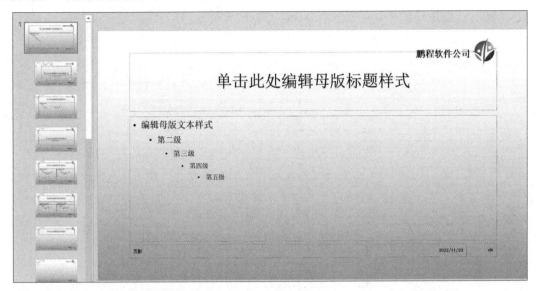

图 5-31　母版编辑效果

（3）选择"文件"→"另存为"命令，在右侧的"另存为"窗格中选择"浏览"选项，弹出"另存为"对话框，在"保存类型"下拉列表中选择"PowerPoint 模板（*.potx）"选项，系统自动设置保存位置，在"文件名"文本框中输入模板名，单击"保存"按钮完成模板的保存，如图 5-32 所示。

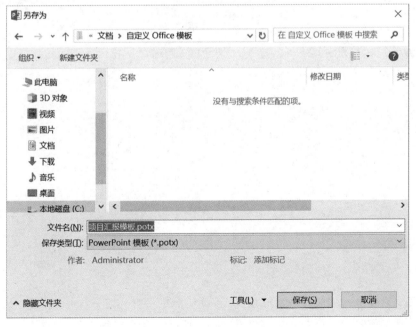

图 5-32　"另存为"对话框

（4）选择"幻灯片母版"→"关闭"→"关闭母版视图"命令，完成母版编辑，关闭文档。

✔ **应用技巧**：PowerPoint 2016 提供了许多设计模板，用于快速创建或改变演示文稿的整体外观。设计模板是一种已经编排好的母版版式的幻灯片，用户通过设计模板可以创建出漂亮的演示文稿。在"设计"选项卡的"主题"组中，选择任何一种设计模板，就应用了它。在默认状态下，该设计模板应用于演示文稿中的所有幻灯片。若要将某个设计模板只应用于单张幻灯片，则应右击该设计模板，在弹出的快捷菜单中选择"应用于选定幻灯片"命令。

（5）打开"项目汇报.pptx"演示文稿，右击"幻灯片/大纲"窗格中的第 8 张幻灯片，在弹出的快捷菜单中选择"设置背景格式"命令，勾选"隐藏背景图形"复选框。

📄 **提示**：PowerPoint 2016 允许对每张幻灯片都进行特殊修改，使之不受母版的控制。在普通视图中会显示要更改的幻灯片，用户根据需要修改格式即可，所进行的改变不会影响其他幻灯片。

实现效果如图 5-33 所示。

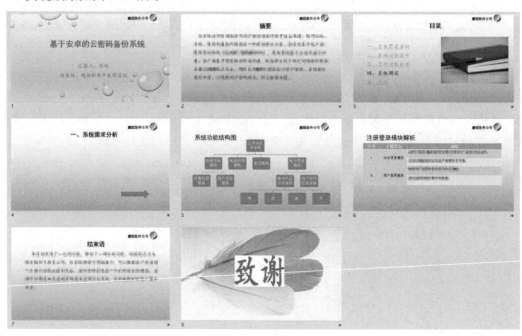

图 5-33　实现效果

📖 **知识拓展**

母版用于设置每张幻灯片的预设格式，可以使所有幻灯片具有统一的背景、统一的标题，也可以使每张幻灯片上都有共同的图形等。PowerPoint 2016 提供了 3 种母版，即"幻灯片母版""讲义母版""备注母版"，分别用于对幻灯片、备注页、讲义的公共属性进行设置。

1. 幻灯片母版

在创建一个演示文稿时，常常应用幻灯片母版来设置具有统一样式的幻灯片，以简化用户操作。在幻灯片母版中，可以设置字符格式，如字体、字号和颜色，添加背景颜色或图片，以及设置阴影等。

2. 讲义母版

讲义母版通常是针对已经建立的演示文稿，用在打印演示文稿中。通过讲义可以使用户更容易理解演示文稿中的内容。讲义母版的操作与幻灯片母版相似，只是进行格式化的是讲义，而不是幻灯片。

3. 备注母版

备注可以被理解为注释，当用户需要某张幻灯片提供一些辅助提示补充信息时，可以采用备注母版。备注母版的操作与幻灯片母版相似。

任务 4　放映演示文稿

任务描述

本任务主要介绍如何设置幻灯片切换效果，如何浏览及放映演示文稿，以及如何设置排练计时。

技术分析

- ✧　设置幻灯片切换效果
- ✧　浏览及放映演示文稿
- ✧　设置排练计时

任务实现

1. 设置幻灯片切换效果

设置幻灯片切换效果

幻灯片切换指在放映演示文稿的过程中由一张幻灯片切换到另一张幻灯片，尤其是对由多张幻灯片组成的演示文稿的应用效果更突出。

（1）单击"切换"选项卡的"切换到此幻灯片"右下方的按钮，在弹出的"切换到此幻灯片"下拉菜单中选择"细微型"→"切出"命令，如图 5-34 所示。

> ✔ **应用技巧**："切换到此幻灯片"下拉菜单中给出了系统提供的各种切换效果，所选的切换效果既可以应用于母版，又可以应用于所有幻灯片。对于由多张幻灯片组成的演示文稿，建议使用随机切换方式，这时系统会为各张幻灯片施加不同的切换效果。

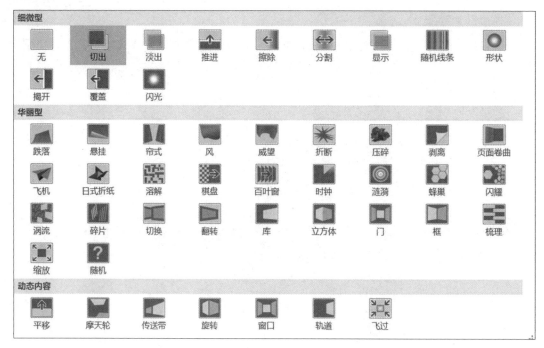

图 5-34 "切换到此幻灯片"下拉菜单

（2）单击"效果选项"下拉按钮，在弹出的下拉菜单中选择"全黑"命令。

（3）在"计时"组中设置"声音"为"照相机"，"持续时间"为"00.30"，"换片方式"为"单击鼠标时"，如图 5-35 所示。

图 5-35 幻灯片切换选项设置

说明："声音"指幻灯片进入时是否添加音响切换效果，用户可以根据需要适当添加。"持续时间"指幻灯片切换持续的时间。"换片方式"指由一张幻灯片切换到另一张幻灯片的方式，通常设置为"单击鼠标时"。当然，有时为了控制演讲时间，可以设置每隔多长时间播放下一张幻灯片。

（4）选择"全部应用"命令，可以使设置应用于全部幻灯片。

2．浏览及放映演示文稿

浏览及放映
演示文稿

演示文稿一旦被创建完成，经过编排和设置幻灯片的动画效果后，就可以将幻灯片一张接着一张地放映出来。在 PowerPoint 2016 中播放演示文稿，默认为循序地从第 1 张幻灯片播放到最后 1 张幻灯片，允许用户自定义播放的起始幻灯片。

（1）在 PowerPoint 2016 的工作界面右下方单击"幻灯片浏览"按钮 ，切换到幻灯片浏览视图，可以清楚地看到演示文稿中所有幻灯片的完成效果。如果在浏览演示文稿的过程中发现有需要修改的幻灯片，那么可以通过双击需要修改的幻灯片，返回普通视图，对此幻灯片进行修改。

（2）在 PowerPoint 2016 的工作界面右下方单击"幻灯片放映"按钮 ☲ 或按 F5 键，都可以进入阅读视图，进行幻灯片放映。

（3）在阅读视图中单击，会按照排列顺序依次放映幻灯片。在放映演示文稿的过程中，若需要编辑幻灯片，则可以按 Esc 键返回幻灯片编辑状态。

（4）按 F5 键，可以继续放映幻灯片，幻灯片放映完成后单击可以退出阅读视图，返回幻灯片编辑状态。

 知识拓展

PowerPoint 2016 提供了多种放映功能，可以在放映时运用各种技巧来加强幻灯片的放映效果。

1．自动放映

自动放映指在放映幻灯片时不需要进行任何操作，系统会自动切换幻灯片，直到放映完毕。实现自动放映的关键在于设置幻灯片切换的时间间隔。当幻灯片在屏幕上的显示时间达到这个时间间隔时，将自动切换到一下张幻灯片。

2．手动放映

与自动放映不同，手动放映将由人来控制幻灯片的放映进程。在手动放映的过程中，通过单击来切换幻灯片，也可以临时改变放映顺序，跳跃式地放映幻灯片。

（1）选择"幻灯片放映"→"设置"→"设置幻灯片放映"命令，打开"设置放映方式"对话框，如图 5-36 所示。

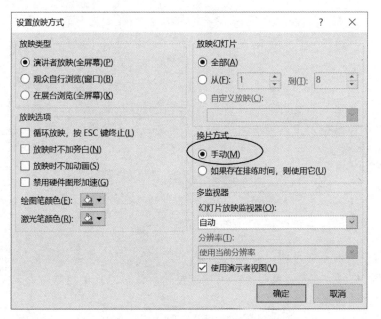

图 5-36 "设置放映方式"对话框

（2）在"换片方式"选项组中选中"手动"单选按钮。

设置完成后，选择"幻灯片放映"→"开始放映幻灯片"→"从头放映"命令或"从当前幻灯片开始"命令，即可开始放映幻灯片。当放映完一张幻灯片时，单击幻灯片中的任意位置，将切换到下一张幻灯片。

3. 设置排练计时

在 PowerPoint 2016 中，可以使用"排练计时"命令设定每张幻灯片播放的时间，以及整个演示文稿播放的总时间，以帮助演讲者提前排练，掌控演讲时间。

（1）选择幻灯片，选择"幻灯片放映"→"设置"→"排练计时"命令。

（2）进入阅读视图，同时弹出"录制"工具栏，开始计时，如图 5-37 所示。

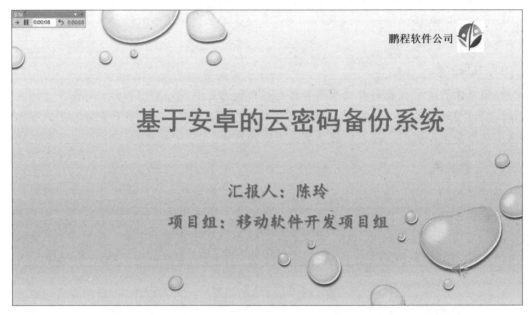

图 5-37　排练计时

（3）在"录制"工具栏中，左侧显示的时间为当前幻灯片放映的时间；右侧显示的时间为之前所有对象放映的总时间。根据显示的时间可以控制幻灯片的排练计时，当设置好时间以后，单击"录制"工具栏中的"下一项"按钮，即可继续设置下一张幻灯片的排练计时，如图 5-38 所示。

图 5-38　"录制"工具栏

（4）如果没有设置好当前幻灯片的排练计时，那么可以单击"重复"按钮重新设置，或单击"暂停"按钮，在"时间"文本框中直接输入该幻灯片的放映时间，按 Enter 键，设置下一张幻灯片的排练计时。

（5）播放结束后，系统将自动打开"Microsoft PowerPoint"对话框，询问是否保留幻灯片计时，单击"是"按钮即可，如图 5-39 所示。

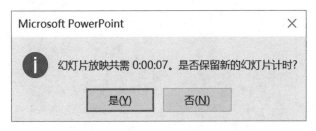

图 5-39 "Microsoft PowerPoint"对话框

（6）设置完成后，将自动进入幻灯片浏览视图，并在每张幻灯片下方显示播放所需的时间。

（7）选择"幻灯片放映"→"设置"→"设置幻灯片放映"命令，打开"设置放映方式"对话框，在"换片方式"选项组中选中"如果存在排练时间，则使用它"单选按钮，单击"确定"按钮。此时，就可以使用默认排练计时的放映方式了。

📺🔍 能力拓展

以大学生创业为主题，设计一个创业计划，要求如下。

（1）不能少于 5 张幻灯片；每张幻灯片中均要有文字（至少一张中有艺术字），内容要相互连贯并与主题相关，背景各不相同。

（2）第 1 张幻灯片是标题幻灯片，其中副标题必须包括姓名、专业、年级、班级、学号。

（3）其他幻灯片中的内容要通过自定义动画进行设置。

（4）除标题幻灯片外，在其他每张幻灯片上都要显示页码。

（5）选择一种设计模板对文件进行设置。

（6）设置每张幻灯片的进入方式，要求各不相同。

（7）在最后 1 张幻灯片中插入一个 5 行 4 列的表格（必须填内容，内容自定），并插入超链接，使其能超链接到第 2 张幻灯片。

模块 6　信息检索

模块 6 信息检索

当今社会是一个高度信息化的社会，工作、学习、生活等各项活动的顺利开展都离不开大量信息的支持。学会信息检索已经是保证各项活动顺利开展的重要前提。

任务 1　信息检索概述

任务 1 信息检索概述

任务描述

要学习信息检索，应先了解信息检索的基础知识，包括信息检索的概念、分类、发展历程、基本流程。

技术分析

- ✧　信息检索的概念
- ✧　信息检索的分类
- ✧　信息检索的发展历程
- ✧　信息检索的基本流程

1. 信息检索的概念

"信息检索"（Information Retrieval）一词出现于 20 世纪 50 年代，是用户进行信息查询（Information Search）、信息获取的主要手段。

狭义的信息检索仅指信息查询，即用户根据需要，采用一定的方法，借助检索工具，从信息集合中找出所需信息的查找过程。广义的信息检索指信息按照一定的方式进行加工、整理、组织、存储，并根据用户特定的需要将相关信息准确地查找出来的过程，又称信息的存储与检索。在一般情况下，信息检索指的就是广义的信息检索。

2. 信息检索的分类

信息检索通常可以按照以下几种方式划分。

1）按存储与检索对象划分

（1）文献检索：根据学习和工作的需要获取文献的过程。

（2）数据检索：把数据库中存储的数据根据用户的需求提取出来的过程。通过数据检索会生成一个数据表，其既可以放回数据库，又可以作为进一步处理的对象。

（3）事实检索：要求检索系统不仅能够从数据或事实集合中查询出原来存入的数据或事实，而且能够从已有的基本数据或事实中推导、演绎出新的数据或事实。

以上 3 种信息检索的主要区别在于，数据检索和事实检索要检索出包含在文献中的信息本身，而文献检索则要检索出包含所需信息的文献。

2）按存储的载体和实现查找的技术手段划分

（1）手工检索：一种传统的检索方法，即以手工翻检的方式，利用工具书（图书、期刊、目录卡片等）检索信息的过程。

（2）机器检索：利用机械或电子设备自动检索光盘系统、磁带库等的过程，也可以被称为机读检索。

（3）计算机检索：在计算机或检索终端中使用特定的检索指令、检索词和检索策略，从计算机检索系统的数据库中检索出需要的信息，继而在终端显示或打印的过程。

其中，发展比较迅速的计算机检索是网络信息检索。其指互联网用户在网络终端，通过特定的网络搜索工具或通过浏览器，查找并获取信息的过程。

3）按检索途径划分

（1）直接检索：通过直接阅读，浏览一次文献从而查找所需资料的过程。

（2）间接检索：借助检索工具或利用二次文献查找文献资料的过程。

3．信息检索的发展历程

1）手工检索阶段（1876—1954 年）

信息检索源于参考咨询和文摘索引工作。比较正式的参考咨询工作是由美国的公共图书馆和大专院校图书馆于 19 世纪下半叶发展起来的。到 20 世纪 40 年代，参考咨询工作的内容又进了一步，包括事实性咨询、图书编目、文摘、专题文献检索，甚至提供文献代译。信息检索从此成为一项独立的用户服务工作，并逐渐从单纯的经验化方向朝着科学化方向发展。手工检索如图 6-1 所示。

图 6-1　手工检索

2）脱机批量处理检索阶段（1954—1965 年）

由于单纯的手工检索和机械检索都或多或少显露出了各自的缺点，因此有必要发展一种新型的信息检索方式。随着计算机应用领域"穿孔卡片"和"穿孔纸带"数据录入技术及设备的相继出现，开始以它们作为存储文摘、检索词和查询提问式的媒介，使得计算机开始应用于文献检索领域。

1954 年，美国海军武器中心首先采用 IBM-701 型计算机建立了世界上第一个科技文献检索系统，实现了单元词组配检索，检索逻辑只采用"逻辑与"，检索结果只显示文献号。1958 年，美国通用电气公司将其加以改进，输出结果增加了题名、作者和文献摘要等。1964 年，美国化学文摘服务社建立了文献处理自动化系统，使编制文摘的大部分工作实现了计算机化，之后又实现了计算机检索。同年，美国国立医学图书馆建立了计算机数据库，即医学文献分析与检索系统，不仅可以进行"逻辑或""逻辑与""逻辑非"等运算，而且可以通过多种途径检索文献。

这一阶段主要以脱机检索的方式开展检索服务。其特点是不能对一个检索提问立即做出回答，而对集中大批提问后进行处理，且处理的时间较长，人机不能对话。因此，这一阶段的检索效率往往不够理想。

3）联机检索阶段（1965—1991 年）

计算机分时技术的发展、通信技术的改进，以及计算机网络的初步形成和检索软件包的建立，使得用户可以通过检索终端与相关信息检索系统的计算机进行人机对话，从而实现对远距离的数据库进行检索的目的，即实现联机信息检索。

在这一阶段，计算机处理功能的加强、数据存储容量的扩大和磁盘机的应用，为建立大型文献数据库创造了条件。例如，对话系统（DIALOG 系统）（见图 6-2）、书目情报分时联机检索系统（ORBIT 系统）、存储和信息检索系统（BRS）、欧洲航天局情报检索系统（ESA-IRS）等都是在这一阶段开始研制并逐步发展起来的，并且均在国内或组织范围内得到了实际应用。

可以说，联机检索是信息处理技术、计算机技术、通信技术结合的产物。

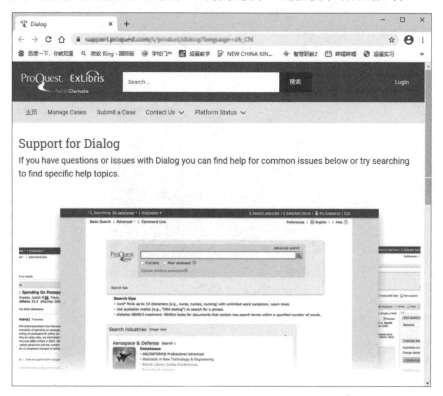

图 6-2　DIALOG 系统

4）网络化联机检索阶段（1991 年至今）

20 世纪 90 年代是联机检索发展进步的一个重要转折时期。随着互联网的迅速发展及超文本技术的出现，基于客户端/服务器的检索软件的开发，实现了将原来的主机系统转移到服务器上，使客户端/服务器联机检索模式开始取代以往的终端/主机结构，联机检索进入了一个崭新的时期。互联网检索如图 6-3 所示。

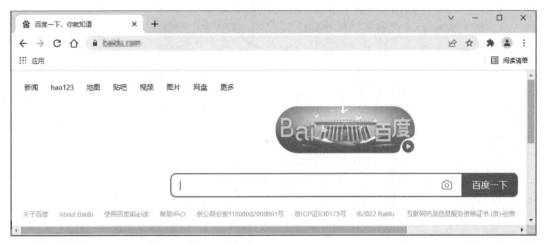

图 6-3　互联网检索

4. 信息检索的基本流程

信息检索的基本流程如图 6-4 所示。

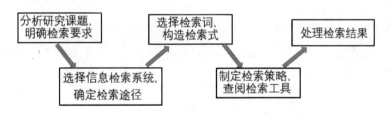

图 6-4　信息检索的基本流程

（1）分析研究课题，明确检索要求。

明确文献检索的目的，确定课题的主题内容、研究要点、学科范围、语种范围、时间范围、文献类型等。

（2）选择信息检索系统，确定检索途径。

考虑专业性、权威性、经济性等，选择信息检索系统。

（3）选择检索词，构建检索式。

准确、专业地选择规范化的检索词，不要将一些意义广泛的词作为检索词。按照用户检索提问准确构建检索式。

（4）制定检索策略，查阅检索工具。

基于检索工具，根据查准率、查全率，合理调整检索过程及检索式。

（5）处理检索结果。

将获得的检索结果加以系统整理，选择符合课题要求的相关文献信息进行下载、存储，以及阅读与引用。

 能力拓展

你在图书馆检索过想借用的图书吗？使用的是什么检索工具呢？你在互联网上使用什么检索工具检索过哪些信息呢？请将具体内容填入下表。

检 索 对 象	检 索 方 法
图书	图书馆手工卡片式检索
期刊	
期末考试成绩	
时事新闻	
时尚手机	
火车票	

任务 2　搜索引擎的使用

任务 2 搜索引擎的使用

 任务描述

在大数据时代，网络中产生的信息浩如烟海，令人无所适从。在搜索引擎的帮助下，用户可以在海量信息中获取有用的信息，信息的获取更加方便了。此时，用户要提高对信息的辨识能力，学会使用搜索引擎，从众多杂乱无章的信息中高效地检索出有意义、有价值的信息。

技术分析

◇　搜索引擎的发展历程和类型
◇　高效地使用搜索引擎

任务实现

1. 搜索引擎的发展历程

搜索引擎（Search Engine）是伴随互联网的发展而产生和发展的，当前互联网已成为人们学习、工作和生活中不可缺少的平台，几乎每个人上网都会使用搜索引擎。

搜索引擎是根据用户的需求与一定的算法，运用特定策略，从互联网中检索出指定信息并将其反馈给用户的一门检索技术。

搜索引擎大致经历了四代的发展。

1）第一代搜索引擎

1994 年，第一代真正基于互联网的搜索引擎 Lycos 诞生。它以人工分类目录为主，代表厂商是 Yahoo，特点是人工分类存放网站的各种目录，用户通过多种方式寻找网站，现在这种方式仍然存在。

2）第二代搜索引擎

随着网络应用技术的发展，用户希望对内容进行查找，出现了第二代搜索引擎。第二代搜索引擎利用关键词来查询。其中颇具代表性的是 Google，它建立在网页链接分析技术的基础上，使用关键词对网页进行搜索，能够覆盖互联网中的大量网页内容，在分析网页的重要性后将结果呈现给用户。

3）第三代搜索引擎

随着网络信息的迅速膨胀，用户希望能快速且准确地查找到自己需要的信息，出现了第三代搜索引擎。相比前两代搜索引擎，第三代搜索引擎更注重个性化、专业化、智能化，使用自动聚类、分类等人工智能技术，采用区域智能识别及内容分析技术，利用人工介入，实现了技术和人工的完美结合，提高了查询能力。

第三代搜索引擎以宽广的信息覆盖率和优秀的搜索性能为发展搜索引擎的技术打开了崭新的局面。

4）第四代搜索引擎

随着信息多元化的快速发展，使用搜索引擎在目前的硬件条件下要得到互联网上比较全面的信息是不太可能的。这时，用户就需要数据全面、更新及时、分类细致的面向主题的搜索引擎。这种搜索引擎采用特征提取和文本智能化等策略，相比前三代搜索引擎更准确、有效，被称为第四代搜索引擎。常见的搜索引擎如图 6-5 所示。

图 6-5 常见的搜索引擎

2. 搜索引擎的类型

搜索引擎大致可以分为 4 种：全文搜索引擎、元搜索引擎、垂直搜索引擎和目录搜索引擎。它们各有特点并适用于不同的搜索环境。灵活选用搜索方式是提高搜索引擎性能的重要途径。

1）全文搜索引擎

全文搜索引擎是一种利用爬虫程序爬取互联网上所有相关文章予以索引的搜索引擎。这种搜索引擎的搜索方式方便、快捷，并容易获得所有相关信息，但搜索到的信息过于庞杂。因此，用户需要逐一浏览并甄别出所需信息。

目前，国外比较有代表性的全文搜索引擎有 Google、AltaVista、Inktomi、AllTheWeb，国内比较有代表性的全文搜索引擎有百度、必应（Bing）等。

2）元搜索引擎

元搜索引擎是一种基于多个搜索引擎结果并对其整合处理的二次搜索的搜索引擎。

由于不同的全文搜索引擎的性能和信息反馈能力不同，导致其各有利弊。元搜索引擎的出现恰恰解决了这个问题，有利于各种基本搜索引擎之间的优势互补。

著名的元搜索引擎有 InfoSpace、Vivisimo、Lycos、搜狐等。

3）垂直搜索引擎

垂直搜索引擎是一种对某一特定行业内数据进行快速检索的专业搜索引擎，适用于在有明确搜索意图情况下进行检索。

垂直搜索引擎的应用方向很多，如企业库搜索、供求信息搜索、购物搜索、房产搜索、人才搜索、地图搜索、MP3 搜索、图片搜索、工作搜索、交友搜索等，几乎各行各业、各种信息都可以进一步细化成各种垂直搜索引擎。

其应用有 12306 火车票搜索、优酷的视频搜索、淘宝的一淘搜索、搜房网等。

4）目录搜索引擎

目录搜索引擎是一种依赖人工收集处理数据并置于分类目录链接下进行搜索的搜索引擎，适应范围有限，需要较高的人工成本来支持维护。同时，用户在使用时需预先了解网站的内容，并熟悉其主要构成模块。

目录搜索引擎主要有 LookSmart、About、DMOZ、Galaxy 等。

3. 高效地使用搜索引擎

1）百度简介

百度是全球领先的全文搜索引擎，于 2000 年创立于北京，致力于向人们提供简单、可依赖的信息获取方式。

目前，百度提供网页搜索、MP3 搜索、图片搜索、新闻搜索、百度贴吧、百度知道、风云榜搜索、硬盘搜索等主要产品和服务，同时也提供多项满足用户更加细分需求的产品和服务，如地图搜索、地区搜索、国学搜索、黄页搜索、文档搜索、邮编搜索、政府网站搜索、教育网站搜索、邮件新闻订阅、WAP 贴吧、手机搜索等。此外，百度还在个人服务领域提供包括百度影视、百度传情、手机娱乐等服务。

在中文搜索领域，百度首次提供了多项体贴普通用户的搜索服务，包括相关搜索、中文人名识别、简繁体中文自动转换、百度快照、网络站点导航等。

2）简单查询

在搜索引擎的搜索框中输入关键词，单击"搜索"按钮，系统很快会返回搜索结果，这就是简单查询。其使用方便，但是搜索结果并不准确，可能包含着许多无用的信息。

例如，要在百度中搜索有关"人工智能"方面的资料，具体操作如下。

（1）启动浏览器，在地址栏中输入网址后，按 Enter 键进入百度首页，在搜索框中输入要查询的关键词"人工智能"，按 Enter 键或单击"百度一下"按钮，即可进行百度常规搜索，如图 6-6 所示。

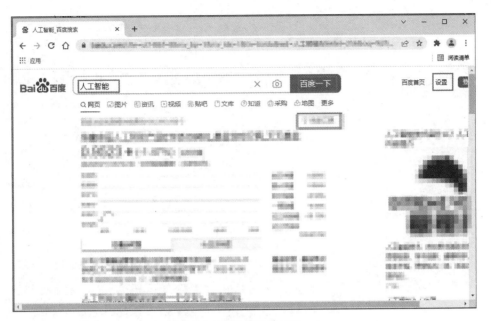

图 6-6　百度常规搜索

（2）单击搜索结果页面的搜索框下方的"搜索工具"按钮，展开搜索工具，如图 6-7 所示。

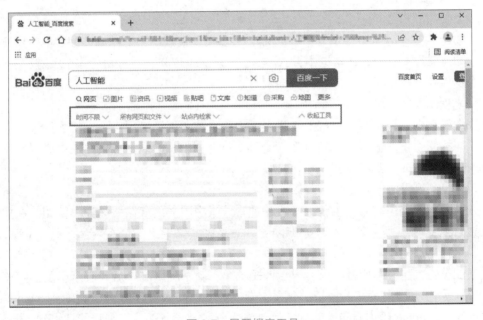

图 6-7　展开搜索工具

用户可以在"时间不限""所有网页和文件""站点内检索"下拉列表中，选择不同的筛选选项。

3）高级搜索

在搜索时可以实现包含完整关键词、包含任意关键词、不包含关键词等高级搜索。"高级搜索"选项卡如图 6-8 所示。

图 6-8 "高级搜索"选项卡

例如，在"包含全部关键词"文本框中输入"贵阳云南"，就可以在搜索结果中同时包含"贵阳"和"云南"两个关键词。

4）一些使用技巧

（1）使用双引号。

给要搜索的关键词加上双引号（半角），可以实现搜索结果的精确匹配，不包括演变形式。例如，在搜索引擎的搜索框中输入"电传"，就会返回包含"电传"这个关键词的网页，而不会返回包含"电话传真"等关键词网页。

（2）使用加号。

在关键词前使用加号，也就等于告诉搜索引擎该关键词必须出现在搜索结果页面中。例如，在搜索引擎的搜索框中输入"+计算机+电话+传真"，表示搜索结果中必须同时包含"计算机""电话""传真"这3个关键词。

（3）使用减号。

在关键词前使用减号，也就意味着在搜索结果中不能出现该关键词。例如，在搜索引擎的搜索框中输入"电视台 -中央电视台"，表示搜索结果中一定不包含"中央电视台"。

（4）使用通配符。

通配符包括星号和问号，前者表示匹配的字符数不受限制，后者表示匹配的字符数受限制，主要用于搜索英文的情况。例如，输入"computer*"，就可以搜索到 computer、computers、computerised、computerized 等单词，而输入"comp?ter"，则只能搜索到 computer、compater、competer 等单词。

（5）使用搜索引擎指令。

大多数搜索引擎都支持"元词"（Metaword）功能，即使用搜索引擎指令，把元词放到关键词前，就可以告诉搜索引擎想要查询的内容具有哪些明确的特征。

① site 指令：用于查询某个域名被该搜索引擎收录的页面数量。

例如，输入"site:www.ptpress.com.cn"可以在百度中搜索到"人民邮电出版社"网站的情况，如图 6-9 所示。

图 6-9　使用 site 指令

② title 指令或 intitle 指令。

输入"title:清华大学"可以在百度中搜索到标题中带有关键词"清华大学"的内容，如图 6-10 所示。

图 6-10　使用 title 指令

③ inurl 指令。

使用 inurl 指令可以查询 URL 中包含指定文本的网页。

其格式为：inurl+半角冒号+指定文本。

例如，输入"inurl:篮球"进行搜索，如图 6-11 所示。

又如，输入"inurl:sports 搜狐"进行搜索，如图 6-12 所示。

图 6-11　使用 inurl 指令 1

图 6-12　使用 inurl 指令 2

任务 3　专用平台的信息检索

任务 3 专用平台
的信息检索

用户在互联网中除了可以利用公共搜索引擎检索相应的信息，还可以通过各种专业的检索平台来检索各类专业信息。

本任务将使用专业平台进行信息检索，其中主要涉及学术信息检索和专利、商标信息检索。

技术分析

✧　学术信息检索
✧　专利、商标信息检索

任务实现

互联网中提供了多种多样的用于搜索和检索的工具，有针对综合信息搜索的平台，也有针对各行各业、各类专用信息检索的平台。

综合信息搜索：百度、搜狗、必应、有道，等等。

学术信息检索：百度学术、中国知网、万方数据、维普网、国家科技图书文献中心、CALIS 学位论文中心服务系统，等等。

专利、商标信息检索：国家知识产权局 专利检索及分析、中国专利信息中心 专利之星检索平台、国家知识产权局商标局 中国商标网、百度学术、中国知网、万方数据、SooPAT 专利搜索引擎、incoPat 专利数据库、佰腾专利检索系统，等等。

问答信息检索：知乎、新浪爱问，腾讯搜搜，等等。

企业信息检索：企查查、爱企查、启信宝、天眼查、企查猫（企业查询宝）、红盾查询网，等等。

视频搜索：百度视频、优酷视频、央视视频、搜狗视频、必应视频、抖音短视频（网页版）、快手短视频（网页版）、搜库、搜网视频、国搜视频，等等。

房产搜索：搜房网、房天下、诸葛找房、安居客、链家、新浪地产、吉屋、乐居房产、我爱我家，等等。

地图导航搜索：百度地图、腾讯地图、高德地图，等等。

求职应聘搜索：智联招聘、猎聘、前程无忧、58 同城、BOSS 直聘、百度百聘，等等。

购物搜索：淘宝、天猫、一淘、京东、拼多多、海淘、1 号店、唯品会、聚划算、当当、苏宁易购、考拉海购，等等。

新闻咨询搜索：人民网、新华网、央视新闻、澎湃新闻、封面新闻、百度新闻、网易新闻、新浪新闻、腾讯新闻、今日头条，等等。

美食快餐搜索：美团外卖、饿了么、百度外卖，等等。

社区论坛搜索：新浪微博、百度贴吧，等等。

旅游出行搜索：12306 火车票、滴滴，等等。

休闲娱乐搜索：喜马拉雅、蜻蜓，等等。

音乐搜索：QQ 音乐、酷狗音乐，等等。

社交领域搜索：微信、QQ，等等。

其他搜索：美图秀秀、墨迹天气、掌阅、小红书、支付宝，等等。

1. 学术信息搜索

1）百度学术

百度学术于 2014 年上线，是百度旗下免费的学术资源搜索平台，提供海量中英文文献学术资源，涵盖各类学术期刊、学位和会议论文，致力于将资源检索技术和大数据挖掘分析技术贡献于学术研究，优化学术资源生态，引导学术价值创新，旨在为国内外学者提供良好的科研体验。百度学术如图 6-13 所示。

图 6-13　百度学术

2）中国知网

中国知网知识发现网络平台，简称中国知网，面向海内外读者，提供中国学术文献、外文文献、学位论文、报纸、会议、年鉴、工具书等各类资源统一检索、统一导航、在线阅读和下载服务。中国知网如图 6-14 所示。

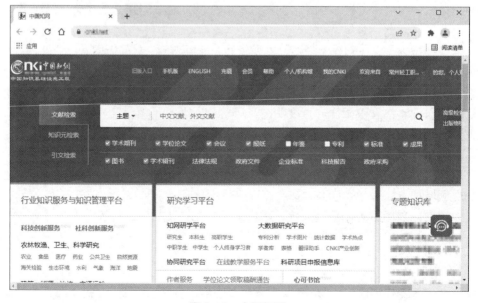

图 6-14　中国知网

3）万方数据

万方数据知识服务平台，简称万方数据，提供中外学术论文、中外标准、中外专利、科技成果、政策法规等科技文献的在线服务。万方数据如图 6-15 所示。

图 6-15 万方数据

4）维普网

维普网原名维普资讯网，是重庆维普资讯有限公司建立的网站，一直致力于对海量报刊数据进行科学且严谨的研究、分析，以及采集、加工等深层次开发和推广应用。维普网如图 6-16 所示。

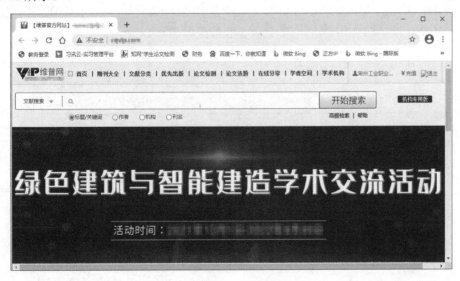

图 6-16 维普网

5）国家科技图书文献中心

国家科技图书文献中心（NSTL）是一个虚拟的科技文献信息服务机构，负责采集、收藏，以及开发理、工、农、医各学科领域的科技文献资源，面向全国提供公益的、普惠的科技文献信息服务。其由中国科学院文献情报中心、中国科学技术信息研究所、机械工业信息研究院、冶金工业信息标准研究院、中国化工信息中心、中国农业科学院农业信息研究所、中国医学科学院医学信息研究所、中国标准化研究院国家标准馆和中国计量科学研究院文献馆构成。国家科技图书文献中心如图 6-17 所示。

图 6-17　国家科技图书文献中心

6）CALIS 学位论文中心服务系统

CALIS 学位论文中心服务系统面向全国高校师生提供中外文学位论文检索和获取服务。目前，其收录了国内几十所高校从 1995 年至今的博士学位论文和硕士学位论文的文摘信息。该系统提供检索结果与 CALIS"文献传递"的链接，学生可以直接在线提交申请，获取学位论文全文。CALIS 学位论文中心服务系统如图 6-18 所示。

图 6-18　CALIS 学位论文中心服务系统

2．专利、商标信息检索

1）国家知识产权局 专利检索及分析系统

国家知识产权局 专利检索及分析系统收录了 103 个国家、地区和组织的专利数据，以及引文、同族、法律状态等数据，提供常规检索、表格检索、药物专题检索、检索历史、检索结果浏览、文献浏览、批量下载的功能，具有快速分析、定制分析、高级分析、生成分析报告等功能。国家知识产权局 专利检索及分析系统如图 6-19 所示。

图 6-19　国家知识产权局 专利检索及分析系统

2）中国专利信息中心 专利之星检索平台

中国专利信息中心成立于 1989 年，是国家知识产权局直属单位，是国家级大型专利信息服务机构，拥有国家知识产权局赋予的专利数据库的管理权、使用权。

依托于国家知识产权局和专利局多年发展的经验，中国专利信息中心为国家知识产权局、地方政府、地方知识产权管理部门、专利审查协作中心、高校科研院所等企事业单位提供服务，业务范围覆盖全国。同时，中国专利信息中心结合市场需求，整合有效资源，为地方提供有特色的知识产权运营平台，加强与全国各机构的纵深合作，全方位地拓展海外市场，不断输出一系列高附加值的产品及服务。中国专利信息中心 专利之星检索平台如图 6-20 所示。

图 6-20　中国专利信息中心 专利之星检索平台

3）国家知识产权局商标局 中国商标网

中国商标网是国家知识产权局商标局官方网站，能够为社会公众提供商标网上申请、商标网上查询、政策文件查询、商标数据查询，以及常见问题解答等商标申请与查询服务。

国家知识产权局商标局 中国商标网如图 6-21 所示。

图 6-21　国家知识产权局商标局 中国商标网

模块 7 新一代信息技术概论

任务 1 什么是云计算

任务描述

近年来,以云计算、大数据、物联网、人工智能为代表的新一代信息技术快速发展,改变了人们的生产、生活方式,促进了产业融合。云计算是一种基于泛在互联的新技术,人们应认识并掌握好、运用好它,让它更好地造福社会。

技术分析

- ✧ 云计算的定义
- ✧ 云计算的发展
- ✧ 云计算的特点与分类
- ✧ 云计算技术
- ✧ 云计算的应用

任务实现

云计算的定义和发展

1. 云计算概述

1)云计算的定义

目前,有关云计算的定义有很多,普遍认可的是美国国家标准与技术研究院(NIST)的定义,即云计算指提供便捷的、通过互联网访问的、可定制的 IT 资源共享池的按使用量付费的模式。IT 资源包括网络、服务器、存储、应用和服务等,这些资源能够快速部署,并且只需进行很少的管理工作或与服务供应商交互的工作。

提供计算资源的共享池叫作"云",云计算以互联网为中心,把计算资源集合协调在一起,通过软件实现自动化管理,用户无须购买、部署和管理自己的物理设备,就可以根据需要快速获取和释放资源。

可以认为,云计算的核心理念是服务,是一种与信息技术、软件、互联网相关的服务,是一种按需求、使用量付费的模式。它向用户提供个性化服务,用户不受时间和空间的限制,可以随时获取云上的资源,按使用量付费。

2)云计算的发展

1961 年,约翰·麦卡锡首次提出将计算资源转换为公共服务的思想,这正是当今云计

算的核心思想之一。

2006 年，Google 首席执行官在搜索引擎大会上首次提出云计算的概念。

2006—2009 年，云计算技术开始发展，云计算技术体系开始完善，云计算成为计算机领域受人关注的话题之一及互联网公司发展研究的重要方向。

2010 年至今，云计算飞速发展，其功能日趋完善且种类多样，至此，云计算进入成熟阶段。

未来，云计算将拥有更广阔的发展空间，出现更多形式的服务和更丰富的应用场景。

3）云计算的特点与分类

（1）云计算的特点。

云计算的特点与分类

① 规模庞大：云计算平台上的资源具有庞大的规模。Google 云计算已经拥有上百万台服务器，Amazon、IBM、微软等公司的云计算平台均拥有几十万台服务器。云能赋予用户前所未有的计算能力。

② 资源共享：多个用户可以共享云计算平台上的资源，提高资源利用率和经济效益。

③ 虚拟化：云计算能够将各种物理资源虚拟成虚拟资源，形成资源池，用户能够通过任意终端在任意位置很方便地使用云计算服务，无须关心云计算服务的出处。

④ 弹性伸缩：用户可以根据需求定制云计算平台上的资源，动态变化自身的计算能力。

⑤ 按需付费：云计算将各种资源虚拟化成资源池，用户只需根据实际使用量支付费用。

⑥ 高可靠性和可用性：云计算平台通常具有高可靠性和可用性，能够提供持续的服务。

⑦ 廉价：云的特殊容错措施使其可以采用极其廉价的节点来构成，自动化管理使数据中心的管理成本大大降低。另外，云的公用性和通用性使资源的利用率大幅度提升。

（2）云计算的分类。

根据服务对象的不同，云计算可以分为 3 种，分别为基础设施即服务（IaaS）、平台即服务（PaaS）、软件即服务（SaaS），如图 7-1 所示。

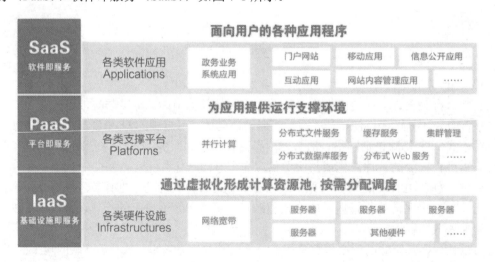

图 7-1　云计算的 3 种服务

① 基础设施即服务：主要服务类别之一，向云计算提供商的个人或组织提供虚拟化计算资源，如虚拟机、存储、网络和操作系统。

② 平台即服务：为开发人员提供通过全球互联网构建应用程序和服务的平台。平台即

服务为开发、测试和管理软件应用程序提供按需开发环境。

③ 软件即服务：通过互联网提供按需软件付费应用程序，云计算提供商托管和管理软件应用程序，允许用户连接到应用程序及通过全球互联网访问应用程序。

根据部署模式的不同，云计算可以分为公有云、私有云、社区云和混合云 4 种。

➤ 公有云。

公有云（Public Cloud）的服务遍布整个互联网，服务于几乎不限数量且拥有相同基本构架的客户，价格低廉甚至免费。公有云的核心属性是共享资源服务，但是在安全性和隐私性上一直备受广大用户关注。

➤ 私有云。

私有云（Private Cloud）是针对某个组织量身定制的。私有云具有较高的数据安全性和保密性，成本相对较高。它的云端可以部署在单位内部（机房等），被称为本地私有云，也可以托管在他处（阿里云端等），被称为托管私有云。

➤ 社区云。

社区云（Community Cloud）是专为一些相对独立、相互关联的组织服务的。虽然这些组织自身的业务流程独立，但是它们之间存在着供应链关系，需要进行信息交换和资源协调。社区云具有区域性和行业性、资源高效共享等特点。

➤ 混合云。

混合云（Hybrid Cloud）是以上多种云的组合。例如，用户可以利用低成本的公有云提供便捷的云计算访问，通过私有云满足安全性和私密性的要求，通过访问控制实现私有云和公有云的交互。

2. 云计算技术

1）虚拟化

虚拟化是云计算的核心技术之一，它将计算机的各种实体资源（CPU、内存、磁盘空间、网络适配器等）予以抽象、转换后呈现出来，使用户能够以比原配置更好的方式应用这些资源。这些资源的新虚拟部分不受现有资源架设方式、地域或物理配置的限制。

云计算的虚拟化不同于传统单一的虚拟化，它是包括资源、网络、应用和桌面在内的全系统虚拟化，可以提高服务器的利用率、降低成本、简化管理流程。

2）分布式数据存储

分布式数据存储就是将数据分散存储到多个数据存储服务器上。它利用多台数据存储服务器分担存储负荷，利用位置服务器定位存储信息，提高了系统的可靠性、可用性和存取效率，具有高可用性、可扩展性、强容错性等特点。

常见的分布式数据存储系统有 Hadoop 分布式文件系统（Hadoop Distributed File System，HDFS）和 Google 文件系统（Google File System，GFS）等，用于存储大规模的文件数据。

3）云计算平台

云计算资源的规模庞大，虚拟服务器数量众多且分布在不同的地点。云计算平台将这些资源通过虚拟化整合为一个统一的服务平台，有效地管理资源，协调工作，提供给用户按需使用。

目前，主流的云计算平台有 Amazon Web Services（AWS）、Google Cloud Platform

（GCP）、阿里云、华为云和腾讯云等。这些云计算平台都提供了各种功能和服务，支持企业和个人在云中构建和运行应用程序、存储数据、处理任务等。

3. 云计算的应用

云计算的应用十分广泛，它为个人用户提供了便利的在线存储和备份服务，也为企业用户提供了灵活的计算和存储资源，加快了应用部署和开发的速度。

1）云存储

云存储指以数据存储和管理为核心进行云计算。用户可以将本地资源上传至云端，可以在任何地方联网以获取资源。云存储向用户提供了存储容器服务、备份服务、归档服务和记录管理服务等，大大方便了用户对资源的管理。腾讯微云、百度网盘等都是备受欢迎的云存储服务。

2）云医疗

云医疗指在多媒体、大数据、物联网等新技术的基础上，结合医疗技术，使用云计算创建医疗健康服务云平台，以实现医疗资源的共享和医疗范围的扩大，提高医疗机构的运行效率，方便居民就医。预约挂号、电子病历等都是云医疗的典型应用，云医疗还具有数据安全、信息共享、动态扩展、布局全国的优势。

3）云金融

云金融指利用云计算的模型，将信息、金融和服务等功能分散到互联网的云中，在为银行、保险和基金等金融机构提供互联网处理和运行服务的同时共享互联网资源。支付宝、微信的快捷支付等就是结合云金融与云计算的应用。

4）云教育

云教育可以将所需的任何教育硬件资源虚拟化，并将其传入互联网，向教育机构、学生、教师提供一个方便且快捷的平台。慕课就是云教育的一种应用。

任务 2 　 走进大数据时代

 任务描述

大数据时代悄然来临，带来了信息技术发展的巨大变革，并深刻影响着人们生产和生活的方方面面。通过学习本任务，学生应掌握大数据的定义和特征，认识大数据技术及与大数据相关的工具，了解大数据的应用，感受大数据对生活的影响。

技术分析

◇　大数据的定义

◇　大数据的特征

◇　大数据技术及与大数据相关的工具

◇　大数据的应用

1. 大数据概述

1）大数据的定义

大数据的定义、特征

大数据指规模庞大、结构复杂、数据类型多样的数据集合。这些数据通常无法通过传统的数据处理工具和方法进行管理、处理与分析，只有使用新处理模式才能具有海量、高增长率及多样化的信息资产。

日常所讲的大数据，并非仅指数据本身，而是数据和大数据技术的综合。大数据技术是伴随着大数据的采集、存储、分析和应用的相关技术，是一系列使用非传统工具对大量数据进行处理，从而获得分析和预测结果的一系列数据处理和分析技术。大数据技术的战略意义不在于掌握庞大的数据，而在于对这些有意义的数据进行专业化的处理。如果把大数据看作一种产业，那么这种产业实现盈利的关键在于提高对数据的加工能力，通过加工实现数据的增值。

2）大数据的特征

大数据具有数据量大、数据类型繁多、数据处理速度快和数据价值密度低 4 个特征。

（1）数据量大：数据规模庞大。随着互联网、物联网、移动互联技术的发展，数据规模呈现爆发性增长，各种数据产生速度之快、数量之大已经远远超出了人类可控的范围。大数据的起始计量单位至少是 PB（1024TB）、EB（约 100 万 TB）或 ZB（约 10 亿 TB）。

（2）数据类型繁多：大数据的数据来源众多，决定了其数据类型的多样性。大数据的数据类型丰富，有来自财务系统、交通系统、医疗系统等的结构化数据，也有来自视频、图片、音频等的非结构化数据，还有来自邮件、网页等的半结构化数据。

（3）数据处理速度快：数据的整合处理过程有高速运转的特征。在大数据时代，数据输入、处理、分析、丢弃的速度通常要达到秒级响应，时效性要求高。

（4）数据价值密度低：大数据的价值密度远远低于传统关系型数据库中已经存在的那些数据。在大数据时代，有价值的信息都是分散在海量数据中的。

2. 大数据技术及与大数据相关的工具

大数据技术一般包括数据采集与预处理、数据存储与管理、数据分析与挖掘、数据可视化等。与大数据相关的工具涵盖源数据、数据采集与预处理、数据存储与管理、数据分析与挖掘、数据可视化的大数据处理全流程，如图 7-2 所示。

大数据技术及与大数据相关的工具

大数据处理全流程

源数据	数据采集与预处理	数据存储与管理	数据分析与挖掘	数据可视化
Web数据	Flume	HDFS	MapReduce	D3
文本	Kafka	HBase	Spark	Tableau
期刊	Sqoop	Redis	Hive	魔镜
数据库				

图 7-2 大数据处理全流程及与大数据相关的工具

1）数据采集与预处理

数据采集通过物联传感、社交网络等方式获得各种类型的海量数据。数据采集与预处理是处理大数据的第一步。其目的是从各种数据源中采集数据，并对数据进行清洗、去重、格式转换等预处理，从而提高数据质量、缩小数据规模、提升数据处理的准确性，以便后续分析与挖掘。

（1）数据采集的常见技术如下。

① 爬虫程序：通过爬虫程序从网页、社交网络、论坛中采集数据。

② 日志采集器：通过日志采集器收集服务器、应用程序、网络设备等产生的日志数据。

③ 传感器：通过传感器采集物联网设备、工业设备等产生的数据。

（2）大数据预处理的常见技术如下。

① 数据清洗：去除无效数据、重复数据、异常数据等。

② 数据转换：将原始数据格式转换为可分析的格式，如将时间戳转换为日期格式。

③ 数据集成：将来自不同数据源的数据整合到一起，形成一个完整的数据集。

④ 数据归一：将不同数据的取值范围缩放为相同的区间，以便进行比较和分析。

2）数据存储与管理

数据存储与管理指通过相应的数据中心把采集到的数据存储起来，并进行管理和调用。通常需要考虑数据的容量、速度、可靠性、扩展性等因素，以满足数据存储与管理的需求。

数据存储与管理的常见技术如下。

（1）分布式文件系统：如 HDFS 等，将数据分散存储到多个节点上，实现数据的可靠性和可扩展性。

（2）列式数据库：如 HBase、Cassandra 等，将数据按列存储，提高数据的读写效率。

（3）对象存储：如阿里云对象存储等，将数据存储为对象，提供高可靠性和可扩展性的存储服务。

（4）NoSQL 数据库：如 MongoDB、Redis 等，提供高可靠性和高速读写的数据库服务。

（5）关系型数据库：如 MySQL、Oracle 等，提供传统的关系型数据库服务。

（6）内存数据库：如 Memcached、Redis 等，将数据存储到内存中，提供高速读写的数据库服务。

（7）分布式缓存：如 Redis、Apache Ignite 等，将数据缓存到多个节点上，提高读写效率。

不同的数据存储与管理技术适用于不同的场景和需求，用户需要根据具体情况进行选择。

3）数据分析与挖掘

通过数据分析与挖掘能够从规模巨大的数据中分析并提取出有潜在价值的信息。它使用统计学、机器学习、人工智能和数据库技术来挖掘有价值的信息。数据分析与挖掘可以帮助企业和组织探索数据集，从中获取有关客户行为、市场趋势、业务运营等方面的信息。例如，通过数据分析与挖掘，企业可以预测销售量、优化营销策略、发现欺诈行为、进行个性化推荐等。

4）数据可视化

数据可视化是一种通过图表、图形、地图等可视化方式展示数据的方法。将数据可视化，能够更加直观地分析数据，发现隐藏在数据中的模式、趋势和联系。数据可视化可以帮助人们从大量数据中提取有用的信息，并能够有效地向他人传达数据的含义。常用的数据可视化工具包括魔镜、Tableau、D3 等。

3. Hadoop

Hadoop 是一个用于分布式存储和处理大规模数据集的开源软件框架。它能够存储和处理大数据，通过并行计算提高处理速度，让用户能够更好地理解和利用海量数据。此外，它还能够自动处理节点故障，并保证数据的完整性。它具备高可靠性、高容错性和可扩展性。

Hadoop 的核心组件包括 HDFS 和 MapReduce。HDFS 是一个用于存储数据的分布式文件系统。MapReduce 是一个用于处理大数据集的编程模型，将一个任务分成多个并行子任务，在集群中执行。

除了 HDFS 和 MapReduce，Hadoop 还包括许多其他工具，如 HBase、Hive、Pig、Spark 等，如图 7-3 所示。它们提供了更高级的功能和接口，以便用户进行数据处理和分析。

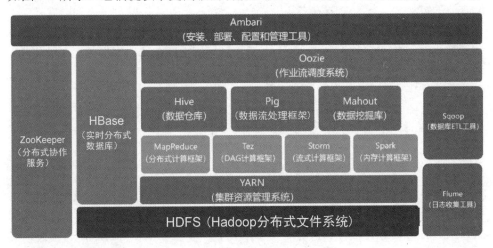

图 7-3　Hadoop 包括的工具

4．大数据的应用

大数据的应用领域包括电商领域、政务领域、医疗领域、传媒领域、安防领域、金融领域、教育领域、交通领域等。通过对大数据进行分析，可以发现大数据中的模式、趋势和联系，从而为决策提供支持和指导。

大数据的应用

1）电商领域

大数据在电商领域的应用，大家已经屡见不鲜了，淘宝、京东等电商平台利用大数据技术，对用户信息进行分析，从而推送用户感兴趣的产品，刺激消费。

2）政务领域

在政务领域，目前智慧城市已经在多地尝试运营，通过大数据，政府部门可以感知社会的发展变化和需求，从而更加科学、精准、合理地为市民提供相应的公共服务及资源配置。

3）医疗领域

在医疗领域，通过临床数据对比、实时统计分析、远程病人数据分析、就诊行为分析等，可以辅助医生进行临床决策，规范诊疗路径，提高医生的工作效率。

4）传媒领域

在传媒领域，通过收集信息，进行分类筛选、清洗、深度加工，可以实现对用户需求的准确定位和把握，并追踪用户的浏览习惯，不断进行信息优化。

5）安防领域

在安防领域，使用大数据可以实现视频图像模糊查询、快速检索、精准定位，并能够进一步挖掘海量视频背后有价值的信息，辅助决策判断。

6）金融领域

在金融领域，基于用户画像，可以根据用户的年龄、资产规模、理财偏好等，对用户群进行精准定位，分析出潜在的金融服务需求。

7）教育领域

在教育领域，使用大数据进行学习分析，能够为每个学生创设一个量身定做的个性化课程，为每个学生提供一个富有挑战性的学习计划。

8）交通领域

在交通领域，使用大数据可以预测未来的交通状况，为改善交通状况提供优化方案，有助于交通部门提高对道路交通的把控能力，防止和缓解交通拥堵，提供更加人性化的服务。

任务3　开始物联网时代

任务描述

物联网的发展促进了社会的进步，改善了人们的生活和工作方式。什么是物联网？它是如何形成的？它具有哪些特征？通过学习本任务，学生可以了解物联网的定义、特征和层次结构，掌握物联网技术，知道物联网的应用，感受物联网对社会发展、科技进步，以及人们生活和工作的影响。

技术分析

✧　物联网的定义、特征和层次结构
✧　物联网技术
✧　物联网的应用

任务实现

物联网的定义、
特征和层次结构

1. 物联网概述

1）物联网的定义

物联网就是物物相连的互联网，是一种通过射频识别装备、全球定位系统、红外感应器、激光扫描器等信息传感设备，按照约定的协议，把任何物品与互联网相连，进行信息交换和通信，实现对物品的智能化感知、识别和管理的网络。

通过物联网，物理世界与数字世界实现了深度融合。物联网的应用为人们带来了更智能、更便捷、更高效的生活和工作方式。

2）物联网的特征

物联网一般具有以下 3 个特征。

（1）全面感知：利用传感器、二维码等随时随地获取物品的信息。

（2）可靠传输：通过各种专业网络与互联网融合，将物品的信息实时、准确地传递出去。

（3）智能处理：利用云计算、模糊识别等智能计算技术，对海量数据进行分析和处理，对物品实施智能化控制。

3）物联网的层次结构

物联网分为 3 层，即感知层、网络层和应用层，如图 7-4 所示。

感知层是实现物联网全面感知的基础。由传感器、二维码、RFID、GPS 等感知终端构成，用于识别物品、采集信息。

网络层主要负责对采集到的信息进行传递、路由和控制，将来自感知层的各种信息传输给应用层。网络层既可以依托移动通信网和互联网，又可以依托其他专网。

应用层是物联网和用户的接口，与行业需求结合，用于实现物联网的智能应用。应用层主要解决信息处理和人机界面的问题，通过数据处理及解决方案给人们提供所需的信息服务。

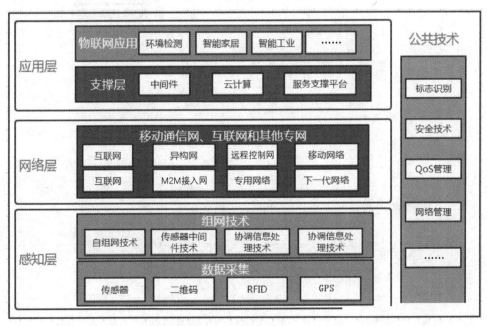

图 7-4　物联网的层次结构

2. 物联网技术

1）RFID

无线射频识别（Radio Frequency Identification，RFID），是一种通信技术，可以通过无线电信号识别特定目标并读写相关数据，而无须识别系统与特定目标之间建立的机械或光学接触。

物联网技术及
物联网的应用

RFID 由阅读器、应答器（又称电子标签）、计算机系统三部分组成，如图 7-5 所示。其工作原理是阅读器发射特定频率的无线电波，用以驱动电路将内部的数据送出，应答器按照顺序接收并解读数据，发送给计算机系统进行相应的处理。RFID 让物品能够"开口说话"。人们可以随时掌握物品的准确位置及其周边环境。

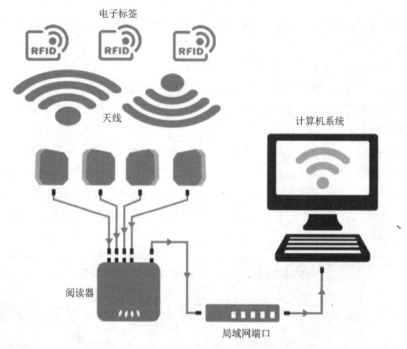

图 7-5　RFID 的组成

2）传感器

传感器指感受规定的非电学量并按照一定规律转换成可用信号的器件或装置。它是构造物联网的基石。它主要负责接收物品"说话"的内容。传感器一般由敏感元件、传感元件、转换电路和辅助电源四部分组成，如图 7-6 所示。

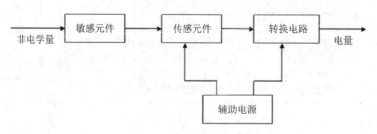

图 7-6　传感器的组成

3）无线网络

在物联网中，物品要与人进行无障碍的"交流"，离不开可以进行大量数据传输的无线网络。无线网络不仅包括允许用户建立远距离无线连接的全球语音和数据网络，而且包括近距离建立无线连接的蓝牙技术、红外技术和 ZigBee 技术。

4）GPS

全球定位系统（Global Positioning System，GPS），利用卫星发射的无线电信号进行导航定位，具有全球性、全天候、高精度、快速实时三维导航、定位、测速和授时功能，以及良好的保密性和抗干扰性。

目前，全球有四大卫星定位系统，分别是中国北斗卫星导航系统（BDS）、美国全球定位系统（GPS）、俄罗斯格洛纳斯卫星导航系统（GLONASS）和欧洲伽利略卫星导航系统（GSNS）。

3. 物联网的应用

物联网的应用涉及工业、农业、环保、交通、物流、安保等领域。通过物联网，人们可以实现家居设备的远程控制和自动化管理、交通系统的智能调度和优化，以及城市基础设施的智能管理。物联网的应用提高了人们的生活质量。

1）智能交通

物联网在智能交通方面的应用比较成熟。智能交通是未来交通系统的发展方向。智能交通主要体现在建设高清视频监控系统，分析道路交通状况，有效缓解交通压力；建设定位系统，为车辆安全行驶和科学管理提供保障；建设城市智慧路边停车管理系统，提高车位利用率；在高速路口设置道路自动收费系统，提升车辆的通行效率等。

2）智能家居

智能家居是物联网在家庭中的基础应用。它利用先进的计算机技术、嵌入式技术、网络通信技术、综合布线技术，将与家居生活有关的各种子系统有机地结合在一起，以提高人们生活的能力，使家居生活变得更舒适、安全。

智能家居涵盖智能家电控制、智能灯光控制、智能安防、智能影音、远程监控、家庭医疗保健和监护、网络教育，以及联合智慧社区、智慧城市的各项拓展应用。

3）智慧农业

智慧农业是一种将物联网、大数据、人工智能等现代信息技术与农业深度融合，实现农业生产、管理、运输全过程的信息感知、精准管理和智能控制的全新农业生产方式。智慧农业的应用包括远程灌溉系统、温室控制系统、环境监测系统、专家远程指导系统、农产品智能配送系统等。

任务 4　跨入人工智能时代

任务描述

人工智能作为计算科学的一个重要分支，是一门发展中的综合性前沿学科，是引领未来的战略性技术。谁能引领人工智能，谁就掌控了人类的未来。通过学习本任务，学生可以了解人工智能的定义与发展，掌握人工智能技术，了解人工智能的应用，认识人工智能在信息社会中的重要作用。

技术分析

- ◇ 人工智能的定义
- ◇ 人工智能的发展
- ◇ 人工智能技术
- ◇ 人工智能的应用

任务实现

人工智能的
定义与发展

1. 人工智能概述

1）人工智能的定义

人工智能（Artificial Intelligence，AI）是研究和开发用于模拟、扩展与增强人类智能的理论、方法、技术及其应用系统的科学和技术。人工智能的目标是使机器能够模拟和执行人类智能具备的某些能力，如感知、推理、学习、决策、理解自然语言等。

人工智能分为弱人工智能和强人工智能。弱人工智能指擅长某一领域的人工智能，它只是部分实现人类智能，使计算机成为人类的智能工具。目前，人工智能领域取得的成就都是在弱人工智能领域中的。强人工智能指在各方面都能和人类比肩的人工智能。强人工智能能否实现目前还不清楚。

2）人工智能的发展

人工智能在充满未知的道路上进行探索，可以将发展历程大致分为以下几个阶段。

（1）人工智能的诞生（1956年以前）。

1943年，沃伦·麦卡洛克和沃尔特·皮茨提出了神经元的数学模型，这是现代人工智能学科的奠基石之一。1950年，艾伦·麦席森·图灵（见图7-7）提出了"图灵测试"（见图7-8），机器产生智能这一想法开始进入人们的视野。1956年，美国达特茅斯学院举行了历史上第一次人工智能研讨会，被认作人工智能诞生的标志。在会上，麦卡锡首次提出"人工智能"这个概念。

图 7-7　艾伦·麦席森·图灵

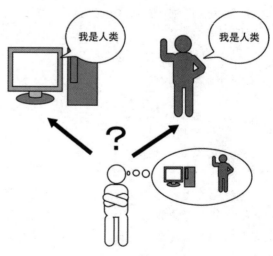

图 7-8　图灵测试

（2）人工智能的黄金时代（1956—1974 年）。

达特茅斯会议后，人工智能迎来第一次浪潮。1966 年，美国麻省理工学院的约瑟夫·魏泽堡发布了世界上第一个聊天机器人 ELIZA。它能通过脚本理解简单的自然语言，并能进行类似人类的互动。1966—1972 年，美国斯坦福国际研究所研制出了首台采用人工智能的移动机器人 Shakey，如图 7-9 所示。

图 7-9　首台采用人工智能的移动机器人

（3）人工智能的瓶颈期（1974—1980 年）。

这一时期，计算机有限的内存和处理速度不足以解决任何实际的人工智能问题，视觉和自然语言中巨大的可变性与模糊性等问题在当时的条件下成了无法逾越的障碍，人工智能发展遭遇瓶颈，经费也被削减。

（4）人工智能的繁荣期（1980—1987 年）。

伴随着专家系统和人工神经网络的发展，人工智能浪潮再度兴起。1981 年，日本研发了人工智能计算机。

（5）人工智能的崛起（1993 年至今）。

20 世纪 90 年代后，一大批新数学模型和算法被发展起来。同时，随着计算机硬件水平的提升，计算机的计算能力呈指数级增长，为人工智能的发展插上了腾飞的翅膀。

2. 人工智能技术

人工智能涉及多种技术，包括机器学习、深度学习、人工神经网络、专家系统等。

人工智能技术及
人工智能的应用

1）机器学习

机器学习是人工智能的核心技术之一，作用是使计算机模拟或实现人类的学习行为，获取新知识或技能，重新组织已有的知识结构，从而不断完善自身的性能。它是一门多领域的交叉学科，涉及概率论、统计学等多门学科。

机器学习是一种统计学习方法，需要使用大量数据进行学习，从而提取有用的信息。机器学习分为监督学习、无监督学习、半监督学习、迁移学习、增强学习 5 种。

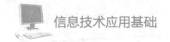

2）深度学习

深度学习源于人工神经网络的研究。深度学习是机器学习研究中的一个新领域，它通过模仿人脑的机制来解释数据，如图像、声音和文本等。深度学习能让计算机具有人类的智慧。其发展前景是无限的。人工智能、机器学习与深度学习的关系如图 7-10 所示。

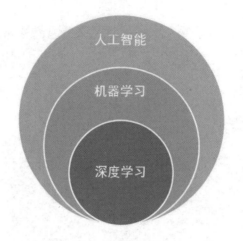

图 7-10　人工智能、机器学习与深度学习的关系

3）人工神经网络

人工神经网络是目前人工智能领域的研究热点之一，是深度学习的重要分支。它是一种由大量节点（或神经元）相互连接构成的算法模型，通过模仿人脑的网络，以期能够实现类人工智能的机器学习。

人工神经网络具有容错性、自组织能力、自适应能力和强联想功能等特点，在系统辨识、模式识别、智能控制等领域有着广泛且吸引人的前景。

4）专家系统

专家系统（Expert System，ES）指在某一特定领域中，能够像人类专家一样解决复杂问题的计算机软件系统。它能够有效地运用专家多年积累的经验和专业知识，通过模拟专家的思维过程，解决需要专家解决的问题。专家系统一般包括知识库、推理机、数据库、知识获取、解释器和人机交互界面。专家系统需要通过一定的知识获取方法，将专家知识保存到知识库中，运用推理机，结合人机接口进行工作。

3．人工智能的应用

人工智能在许多领域都有广泛应用，具体应用包括自动驾驶、人脸识别、机器翻译、医学影像诊断等。人工智能的应用可以提高工作效率、降低成本、改善生活质量，并具有巨大的发展潜力。

1）自动驾驶

自动驾驶如图 7-11 所示。通过给车辆装配智能软件和多种感应设备，包括车载传感器、雷达及摄像头等，获得道路、车辆位置和障碍物信息，控制车辆的转向和速度，实现自动驾驶。自动驾驶涉及的技术有很多，如计算机视觉、自动控制等。

图 7-11　自动驾驶

2）人脸识别

人脸识别也称人像识别、面部识别，是基于人的脸部特征进行身份识别的一种生物识别。人脸识别涉及的技术主要包括计算机视觉、图像处理等。

人脸识别的研究始于 20 世纪 60 年代。之后，随着计算机技术和光学成像技术的发展，人脸识别的水平不断提高并进入初级应用阶段。目前，人脸识别已广泛应用于金融、司法、公安、边检、航天、教育等多个领域。

3）机器翻译

机器翻译是计算语言学的一个分支，指利用计算机将一种自然语言转换为另一种自然语言的过程。机器翻译用到的技术主要有神经机器翻译技术，当前该技术在很多语言上的表现已经超过人类。

随着经济全球化进程的加快及互联网的迅速发展，机器翻译在促进政治、经济、文化交流等方面的价值凸显，给人们的生活带来了许多便利。例如，人们在阅读英文文献时，可以很方便地通过有道翻译、Google 翻译等工具将英文转换为中文，提高了学习和工作的效率。

4）医学影像诊断

医学影像诊断是目前人工智能在医疗领域的典型应用，它的处理对象是由不同成像机理（核磁共振成像、超声成像等）生成的医学影像。利用计算机图像处理技术，可以对医学影像进行图像分割、特征提取，完成定量分析和对比分析等工作，以实现病灶识别与标注，对肿瘤放疗环节影像的靶区进行自动勾画，以及对手术环节的三维影像重建。

当然，人工智能技术的使用也面临着一些挑战和争议，如隐私和安全问题、人类就业的替代问题、伦理和道德问题等。因此，合理、负责任地开发和使用人工智能技术是一个重要的课题。

能力拓展

选择题

（1）新一代信息技术不包括_____。

    A．云计算　　　　B．App 应用　　　　C．人工智能　　　D．物联网

（2）下面不属于根据服务对象的不同划分的云计算的是_____。

    A．IaaS　　　　B．DaaS　　　　C．PaaS　　　　D．SaaS

（3）下面不属于根据部署模式的不同划分的云计算的是_____。

    A．公有云　　　　B．私有云　　　　C．社会云　　　D．混合云

（4）大数据具有数据量大、数据类型繁多、数据处理速度快和_____4 个特征。

    A．数据价值密度低　　　　　　　B．易储存

    C．易转换　　　　　　　　　　　D．数据价值密度高

（5）大数据的两个核心技术是分布式存储和_____。

    A．数据处理　　B．分布式处理　　C．数据分析　　D．数据管理

（6）下列不属于 Hadoop 的特性的是_____。

    A．高可靠性　　　　　　　　　　B．高容错性

    C．高成本　　　　　　　　　　　D．运行在 Linux 平台上

（7）无线射频识别属于物联网产业链的_____环节。

    A．标识　　　　B．感知　　　　C．处理　　　　D．信息传送

（8）感知层属于物联网的层次结构的_____。

    A．第一层　　　B．第二层　　　C．第三层　　　D．第四层

（9）专家系统是以_____为基础，以推理为核心的系统。

    A．专家　　　　B．软件　　　　C．知识　　　　D．解决问题

（10）人工智能诞生于_____。

    A．达特茅斯　　B．伦敦　　　　C．纽约　　　　D．拉斯维加斯

（11）人工智能是一门_____。

    A．数学和生理学学科　　　　　　B．心理学和生理学学科

    C．语言学学科　　　　　　　　　D．综合性的交叉学科和边缘学科

参考文献

[1] 杨竹青. 新一代信息技术导论[M]. 北京：人民邮电出版社，2020.

[2] 赵艳莉. 信息技术基础[M]. 北京：电子工业出版社，2021.

[3] 冯天亮，汤怀. 计算机应用基础实用教程[M]. 北京：电子工业出版社，2021.

[4] 眭碧霞，张静. 信息技术基础[M]. 北京：高等教育出版社，2019.

[5] 廉师友. 人工智能导论[M]. 北京：清华大学出版社，2020.

[6] 李铮，黄源，蒋文豪. 人工智能导论[M]. 北京：人民邮电出版社，2022.

[7] 韩毅刚，冯飞，杨仁宇. 物联网概论[M]. 2版. 北京：机械工业出版社，2018.

[8] 王协瑞. 计算机网络技术[M]. 3版. 北京：高等教育出版社，2013.

[9] 殷玉明，华丹. 交换机与路由器配置项目式教程[M]. 4版. 北京：电子工业出版社，2022.

[10] 高腾刚，程星晶，霍雨佳，等. 大数据概论[M]. 北京：清华大学出版社，2022.

[11] 李联宁. 大数据[M]. 北京：清华大学出版社，2020.

[12] 林康平，王磊. 云计算技术[M]. 北京：人民邮电出版社，2021.

[13] 王伟，陆雪松，蒲鹏，等. 云计算系统[M]. 北京：高等教育出版社，2023.

[14] 贾垂邦. 浅析物联网技术与发展[J]. 科技风，2018（1）：70-83.

反侵权盗版声明

电子工业出版社依法对本作品享有专有出版权。任何未经权利人书面许可，复制、销售或通过信息网络传播本作品的行为；歪曲、篡改、剽窃本作品的行为，均违反《中华人民共和国著作权法》，其行为人应承担相应的民事责任和行政责任，构成犯罪的，将被依法追究刑事责任。

为了维护市场秩序，保护权利人的合法权益，我社将依法查处和打击侵权盗版的单位和个人。欢迎社会各界人士积极举报侵权盗版行为，本社将奖励举报有功人员，并保证举报人的信息不被泄露。

举报电话：（010）88254396；（010）88258888

传　　真：（010）88254397

E-mail：dbqq@phei.com.cn

通信地址：北京市万寿路 173 信箱
　　　　　电子工业出版社总编办公室

邮　　编：100036